U0334266

碳达峰与碳中和丛书　　　　　何建坤　主编

国际碳中和及新能源发展

相关多重政策机制的相互作用与影响

许光清　著

东北财经大学出版社
Dongbei University of Finance & Economics Press　大连

图书在版编目（CIP）数据

国际碳中和及新能源发展：相关多重政策机制的相互作用与影响 / 许光清著. —大连：东北财经大学出版社，2024.4

（碳达峰与碳中和丛书）

ISBN 978-7-5654-5236-9

Ⅰ.国…　Ⅱ.许…　Ⅲ.二氧化碳-节能减排-研究-世界　Ⅳ.X511

中国国家版本馆CIP数据核字（2024）第076324号

东北财经大学出版社出版发行

　　大连市黑石礁尖山街217号　邮政编码　116025

　　网　　址：http://www.dufep.cn

　　读者信箱：dufep@dufe.edu.cn

大连天骄彩色印刷有限公司印刷

幅面尺寸：185mm×260mm　字数：197千字　印张：13.75

2024年4月第1版　　　　2024年4月第1次印刷

责任编辑：李　季　王芃南　　责任校对：刘贤恩

封面设计：原　皓　　　　　　版式设计：原　皓

定价：86.00元

引 言

工业革命以来，全球极端气候现象的发生频率不断上升。气候变化与人类过度使用化石能源（如煤炭、石油和天然气等）密切相关。化石能源燃烧排放的大量温室气体（如二氧化碳、甲烷、氧化亚氮等）是造成气候变化的主要原因，此外土地利用变化、工业生产活动、废弃物处理和农业化肥使用等也会产生温室气体。2021年8月联合国政府间气候变化专门委员会（IPCC）发布的第六次评估报告指出，"除非立即、迅速和大规模地减少温室气体的排放，否则将升温限制在接近1.5℃或甚至是2℃以内的目标将无法实现"。由于全球工业化进程不一，发达国家是大气中温室气体累积排放的主要责任方，其累积排放量和人均排放量高于发展中国家。发展中国家虽累积排放量少但其能源消费量与二氧化碳排放量增长速度更快。全球气候变化是人类目前面临的巨大环境风险，这些风险包括海平面上升、农业减产风险、生物多样性丧失风险和其他自然灾害。

随着全球气候变化问题的日益突出和对可持续发展需求的愈加迫切，国际社会正积极探索实现碳中和和促进新能源发展的多重政策机制。本书旨在深入研究国际碳中和和新能源发展相关的多重政策机制之间的相互作用与影响。

全球碳中和的目标是减少温室气体排放并最终实现气候中性，为人类应对气候变化提供了具体而紧迫的行动框架。为了实现这一目标，各国纷纷采取了一系列政策措施，包括制定碳定价机制、推广清洁能源技术、提高能源效率等。应对气候变化的国际合作不断加强，《联合国气候变化框架公约》《京都议定书》《巴黎协定》等一系列气候公约，奠定了世界各国通过合作推动全球气候治理的基调。由于温室气体排放的环境容量是一种全球公共物品，单纯依靠市场力量或仅形成部分区域碳定价无法解决碳排放造成的全球危机。温室气体全球排放、全球扩散，时间跨度长，造成温室效应并引发海平面上升、生物多样性减少、极端天气增多等全球性问题。正是由于全球公共物品的特殊性，实现理想的碳减排必须建立全球统一碳定价体系并形成全球统一的碳价格。然而，国际碳中和政策的实施存在着相互关联和相互影响的情况，政策机制之间的协同和协调成为关键问题。与此同时，新能源发展作为能源转型的重要方向之一，为实现碳中和目标提供了重要支撑。在过去几十年中，新能源技术取得了长足的进展。这些技术的发展为实现能源转型和减少碳排放提供了重要机会。然而，要推动新能源技术的广泛应用和发展，需要深入了解其在能源系统中的作用，以及各国在推动新能源发展方面的经济政策和实践。各国在新能源发展方面采取的政策措施和经济政策也对能源转型和社会经济发展产生着重要影响。因此，深入研究国际碳中和和新能源发展相关的多重政策机制之间的相互作用和影响，具有重要的理论和实践意义。

首先，本书总结了新能源技术在能源转型和社会经济发展中的作用，并分析其对减碳目标的影响。同时总结了各国在碳中和目标方面的实践经验以及已达峰国家的达峰规律。其次，本书归纳了促进新能源发展的影响因素，重点分析了能源要素偏向性技术的影响。本书从贸易、化石能源价格以及国际政策三个方面探讨了电网企业在新能源国际化创新发展方面的国际影响因素。最后，本书引入了一个全球可再生能源综合评估模型，用于评估可再生能源技术的效果和成本效益。该模型结合LEAP和RICE模型的软耦合方法，提供更全面的评估框架。本书希望通过上述研究和分析，为推动能源转型、促进新能源发展以及实现可持续发展目标提供有益的参考和指导。

本研究得到国家电网公司总部管理科技项目（1400-202224242A-1-1-ZN）的资助。

许光清

2024 年 3 月 28 日于北京

目　录

第 1 章　新能源技术在能源转型与社会经济发展中的作用研究

第 1 节　排放情景与未来减排路径

1.1.1　引言

2022 年 4 月，政府间气候变化专门委员会（Intergovernmental Panel on Climate Change，IPCC）发布了第六次评估报告（Sixth Assessment Report，AR6）第三工作组报告（Working Group Three，WG Ⅲ）《气候变化 2022：减缓气候变化》（以下简称《报告》）。《报告》评估了全球温室气体排放趋势、近期至 21 世纪末不同温升水平下的减排路径，以及可持续发展背景下的气候变化减缓和适应行动之间的关联，并提出将全球温升控制在工业化前水平 1.5℃或 2℃以内需要全球温室气体排放在 2025 年前达峰等关键结论。本书梳理了《报告》中的排放情景，结合国内外有代表性的 6 个中国排放情景研究，从能源低碳转型、技术进步、投资与成本这 3 个角度分析全球与中国的低碳减排路径。

《报告》包括决策者摘要（Summary for Policymakers，SPM）、技术摘要和 17 个不同方面的报告，其中 SPM 由 5 个章节构成：介绍和框架，近期发展和当前趋势，为控制全球温升的系统转型，减缓、适应和可持续发展的联系以及强化应对。《报告》基于最新数据，结合全球排放、经济社会发展和技术应用的趋势，运用多元化的方法和模型，评估了减缓气候变化在科学、技术、环境、经济和社会方面的最新进展，得出了不断变化的全球格局、不同行为主体在应对气候变化全球努力中的作用、新的减缓方法，以及减缓气候变化与发展途径的密切联系等的一系列重要结论，为国际社会和各国政府深化气候行动提供了科学参考。

1.1.2 排放现状

全球排放现状

全球温室气体排放评估是《报告》的重要基础。排放现状、历史排放、部门差异、区域差异都与全球气候治理密切相关。

就排放现状来看，2010—2019年全球温室气体排放量持续增加，年均排放量高出以往任何10年的平均值，达到历史最高水平，但增速有所放缓，从上一个10年的年均2.1%下降到1.3%[1]。能源效率大幅提升和低碳技术部署对全球温室气体排放有明显的减速作用，但不足以使全球温室气体排放量整体下降。人口增长和经济发展仍然是过去10年化石能源燃烧产生的CO_2排放的主要来源。同时，由于新型冠状病毒感染的流行，2020年上半年由化石燃料燃烧和工业过程产生的CO_2（Fossil Fuel and Industry，CO_2-FFI）排放短暂下降，但在年底出现反弹。

就历史排放趋势来看，1850—2019年，人为累计排放的CO_2约为2.4×10^{12}t，其中42%的CO_2在1990—2019年排放。发达国家基于消费的CO_2排放量高于发展中国家。然而，在发达国家，CO_2排放量在2007年达到峰值，到2018年下降；发展中国家的排放量则持续增长，人均排放量基数较低，对累积排放的贡献低于发达国家。

就部门贡献来看，2019年，约34%的人为温室气体排放量来自能源供应部门，24%来自工业，22%来自农业、林业和其他土地利用，15%来自交通运输业，6%来自建筑业。如果将电力和热力生产产生的排放归因于最终使用能源的部门，则90%的间接排放可以归因于工业和建筑部门，相对应的温室气体排放占比也分别从原来的24%和6%增加到34%和16%，能源供应部门的贡献则下降至12%。相对于前10年，2010—2019年，能源供应和工业部门的年均温室气体排放增长有所放缓，但运输部门的年均温室气体排放增长率基本保持不变。

就区域差异来看，据报告，2010—2019 年，东亚贡献了最多的人为温室气体排放，占比始终保持在 20% 以上，澳大利亚、日本和新西兰的人为温室气体排放最少，占比不到 5%。考虑各个区域 1850—2019 年的历史累计 CO_2-FFI 排放，包含较多发达国家的北美洲、欧洲贡献最多，分别达到 23% 和 16%。因此，报告指出，发达国家为 CO_2 净排放进口国，而发展中国家则是 CO_2 净排放出口国。各国的人均排放量差异反映了不同的发展阶段，但是相似收入水平的国家之间也存在较大差异。2019 年，全球约 48% 的人口生活在人均排放超过 6 t 二氧化碳当量（Carbon Dioxide Equivalent，CO_2-eq）的国家（不包括来自土地利用和林业的排放），其中约 35% 的人口生活在人均二氧化碳排放量超过 9 t CO_2-eq 的国家。与此相对，另外 41% 的人口生活在人均二氧化碳排放量低于 3 t CO_2-eq 的国家。并且，在这些低排放国家，有相当一大部分人口无法获得现代能源服务。因此，在短期内，为实现可持续发展目标，需要在不大幅增加全球排放的情况下消除这部分人的能源贫困问题。除了温室气体累积排放贡献的差异之外，发展中国家和发达国家在基础设施、产业链中的地位、对未来经济发展的创新能力和话语权以及减缓气候变化行动和抵御气候风险的能力上均存在差异。

中国排放现状

东亚是近 10 年人为温室气体排放最多的区域，而中国作为东亚、也是世界上最大的发展中国家，是人为温室气体排放最多的国家，承担着重大的减排责任。考察中国近 10 年温室气体排放现状、排放趋势和部门贡献，对中国与世界的减排路径探寻具有重要意义。

2010—2019 年，中国来自能源部门的温室气体排放总体呈现增长的趋势，年均排放量高出以往任何 10 年的平均值，达到历史最高水平，但增速有所放缓，从上一个 10 年的年均 9.5% 下降到 2.7%（如图 1-1 所示）。CO_2 作为主要的温室气体，在近 10 年来，排放量总体也呈现出增长趋势。在 2011 年后，中国的二氧化碳排放量增长速度开始放缓，与此同时，人均碳排放增长速度也在同年之后逐步放缓[2]。

背后可能的政策原因为我国在 2011 年后相继出台碳减排政策，建立碳减排试点城市，使得我国的碳排放量得到控制。

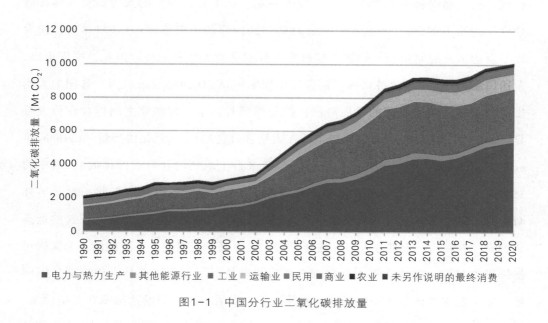

图1-1　中国分行业二氧化碳排放量

能源供应部门是中国二氧化碳的主要排放来源。据国际能源署（International Energy Agency，IEA）的统计数据，2019 年，电力和热力生产行业贡献了 51.4% 的二氧化碳，而工业和交通运输业分别贡献了 27.9% 和 9.7%。相较于世界各行业的二氧化碳排放占比，中国电热、工业产业对碳排放的贡献更大。

1.1.3　排放情景

IPCC 排放情景设置

　　未来排放情景是探究全球如何实现碳中和的重要工具。相较于第五次评估报告（Fifth Assessment Report，AR5），AR6 的情景更多聚焦于温控 1.5℃、2℃和与现有国家自主贡献（Nationally Determined Contribution，NDC）相一致的发展路径上。在《报告》中，工作组共采用 1 202 种情景来评估未来的减排路径。根据不同路径所能控制的温升水平,《报告》将不同的减缓路径共分为 8 个不同的类别(见表 1-1,C1 至 C8)。《报告》用说明性减缓路径(IMP)来表示不同的社会选择对主要温室气体的未来排放趋势和相关部门转型的影响。根据减缓策略的不同,共有 5 个 IMP,即重度依赖可再生能源的 IMP-Ren、强调减少能源需求的 IMP-LD、在能源领域广泛使用二氧化碳移除技术(Carbon dioxide removal,CDR)和工业部门实现净负排放的 IMP-Neg、在更广泛的可持续发展背景下减缓的 IMP-SP、非迅速但逐步加强近期减缓行动的 IMP-GS。其中,IMP-Ren、IMP-LD 和 IMP-SP 对应在 50% 的概率下能够实现 1.5℃ 且没有或低过冲温升目标,IMP-Neg 对应在 50% 的概率下能够实现 1.5℃ 高过冲温升目标,IMP-GS 则对应在 67% 的概率下能够实现 2℃ 目标。除此之外,《报告》给出了两个高排放的说明性情景,即当前政策(Cur Pol)和适度行动(Mod Act),分别对应到 21 世纪末将温度控制在 3℃ 以内和 4℃ 以内。

表 1-1　　　　基于温升水平的 IPCC 第三工作组报告中的未来减缓路径分类

路径分类	对应情景	对应温升	实现碳中和时剩余累积碳排放空间 (Gt CO_2)	2020—2100 年的剩余累积碳排放空间 (Gt CO_2)
C1	SSP1-1.9,SP、LD、Ren	1.5℃ 无或低过冲(>50%)	510 [330~710]	320 [-210~570]
C2	Neg	1.5℃ 高过冲(>50%)	720 [530~930]	400 [-90~620]
C3	SSP1-2.6,GS	2℃ 以内(>67%)	890 [540~1 160]	800 [510~1140]
C4		2℃ 以内(>50%)	1 210 [970~1 490]	1 160 [700~1 490]
C5		2.5℃ 以内(>50%)	1 780 [1 400~2 360]	1 780 [1 260~2 360]
C6	SSP2-4.5,Mod-Act	3℃ 以内(>50%)	—	2 790 [2 440~3 520]
C7	SSP3-7.0,Cur-Pol	4℃ 以内(>50%)	—	4 220 [3 160~5 000]
C8	SSP5-8.5	超过 4℃(>50%)	—	5 600 [4 910~7 450]

注:"—" 表示没有评估数据。

中国排放情景设置

近年来，中国国家发展和改革委员会能源研究所（Energy Research Institute，ERI）、英国延德尔气候变化研究中心（Tyndall Centre for Climate Change Research，Tyndall）[3,4]、美国劳伦斯伯克利国家实验室（Lawrence Berkeley National Laboratory，LBNL）[5]、麦肯锡咨询公司（McKinsey & Company，McKinsey）[6]、国际能源署（International Energy Agency，IEA）[7]和联合国开发计划署（United Nations Development Program，UNDP）[8]等国内外研究机构开展了大量的情景研究。情景可分为两类，即基准情景和比较情景，分别描述现有政策框架下和新增政策框架下的碳排放轨迹。因为Tyndall的研究预先设定了排放空间，研究起点与现有政策的关系不大，因此，将其4个情景均视为比较情景。除Tyndall的研究外，其余研究均包含一个基准情景和若干个比较情景。各研究的情景设置见表1-2。LBNL、McKinsey、UNDP、ERI的分析均以中国为基础，没有设定特定的全球目标；而IEA的分析则建立在全球模型之上，其比较情景对2050年的全球排放有明确的目标。

表1-2 分研究情景设置

研究单位	基准情景	基准年份	比较情景	目标年份
ERI	节能情景：充分考虑当前的节能减排措施	2005	低碳情景：考虑中国的可持续发展、能源安全和经济竞争力，尽力争取可能实现的碳排放情景 强化低碳情景：全球一致减排，从而实现较低温室气体浓度目标	2050
LBNL	持续改善情景：单位GDP能耗持续下降，达到工业化国家的水平	2005	加速改善情景：采取更积极的行动，在短期和中期，各子部门逐渐采取当前可获得的最佳技术，一段时间后全部使用 有CCS[(1)]的持续改善情景：煤电行业大量采用CCS，2050年碳捕获量达5亿t CO_2	2050
McKinsey	基准情景：稳步提升工业品质量及工业流程能源效率，广泛考虑成熟、有效的技术	2005	减排情景：着眼于那些已经被人们较好地掌握且具备商业化应用前景的减排措施	2030

续表

研究单位	基准情景	基准年份	比较情景	目标年份
UNDP	参考情景：施加一定的额外政策，但不考虑强制性的减排措施	2005	控排情景：进一步采取多种政策，实现产业结构和能源结构转变 减排情景：把2030年定为碳达峰年，并力争在2050年实现最大减排量	2050
IEA	基准情景：情景期内不出台新的能源和气候变化政策	2007	蓝图情景：在2050年全球碳排放减少到当前水平的一半目标下，以成本最低为标准来选择各种低碳技术的使用程度	2050
Tyndall	—	2005	S1：依据2050年人均碳排放趋同的原则，1990—2100年累计碳排放预算为70GtC，2020年前参照ERI路径[2]，2020年碳达峰。 S2：按照2050年单位GDP碳耗趋同的原则，1990—2100年累积碳排放预算为70GtC，2030年前参照ERI路径，2030年碳达峰。 S3：大致依据2050年人均碳排放趋同的原则，1990—2100年累积碳排放预算为90GtC，2020年前参照IEA路径[3]，2020年碳达峰。 S4：按照2050年单位GDP碳耗趋同的原则，1990—2100年累积碳排放预算为111GtC，2030年前参照IEA路径，2030年碳达峰	2050

注：（1）CCS，Carbon Capture and Storage，即碳捕获与封存。

（2）ERI路径指能源研究所2004年开发的2020年中国能源需求情景，与本书前述的ERI情景不同。

（3）IEA路径指IEA《世界能源展望2007》中的中国能源情景，与本书前述的IEA情景不同。

　　各个情景背后的社会经济条件假设存在较大不同，主要体现在GDP、人口和城市化率三方面。

　　GDP总量、增长速度以及产业结构是情景设定中的关键参数。各情景中的GDP年增长率见表1-3。除了Tyndall情景之外，其余情景研究中的基准情景和比较情景均采取了相同的GDP假设。由于GDP年增长率设定不同，2050年各情景的GDP总量背景差距较大。ERI情景下2050年中国的GDP总量是Tyndall研究中S4情

景下2050年中国GDP总量的2倍以上。产业结构方面，ERI和UNDP两情景的相关
参数设定接近。

表1-3 GDP年增长率比较（%）

年份	ERI	LBNL	McKinsey	UNDP	IEA[1]	Tyndall			
						S1	S2	S3	S4
2010—2020	8.38	7.76	8.2	6.6	6.58	5.77	5.91	4.98	4.87
2020—2030	7.11	5.85	6.5	5.5	4.4	4.3	4.89	4.89	4.74
2030—2040	4.98	4.09		4.5	3.8	3.79	5.26	5.26	3.24
2040—2050	3.6	2.82		3.5	3.8	3.28	4.19	4.19	3.74

注：IEA给出的GDP年增长率是以2007—2015年，2015—2030年以及2030—2050年为时间跨度进行计
算的，为了便于比较，本书根据IEA给出的数据对2010—2020年和2020—2030年的增长率进行了重新计算。

人口对终端需求具有重要影响，也是情景研究中的又一关键参数。各情景中的
人口总量见表1-4，差异较小。

表1-4 人口总量比较 单位：百万人

年份	ERI	LBNL	McKinsey	UNDP	IEA	Tyndall
2010	1 360			1 360		
2020	1 440	1 420	1 400	1 450	1 400	1 400
2030	1 470	1 460	1 500	1 520	1 400	1 440
2040	1 470			1 540		
2050	1 460	1 410		1 500	1 400	1 400

由于城市和农村的生活模式不同，导致城市与农村之间的碳排放差距较大。又
考虑到中国的城乡二元性，因此，城市化率在针对中国的情景设定中具有关键作

用。各情景的城市化率假设见表 1-5。其中，LBNL 和 ERI 对城市化率的假设完全一致，均为到 2050 年城市化率逐步提高到 79%，高于 IEA 和 UNDP 的假设。

表1-5 各情景中的城市化率比较（%）

年份	ERI	LBNL	McKinsey	UNDP	IEA
2010	49	49	50	48	47
2020	63	63	57	56	55
2030	70	70	67	62	62
2040	74	74		66	68
2050	79	79		70	73

1.1.4 未来低碳转型路径

能源低碳系统转型

基于 IPCC 情景分析，《报告》给出了未来全球减缓行动的趋势。能源部门作为人为温室气体排放的主要来源，在未来需要重大转型，包括减少化石能源的使用、增加低碳和零碳能源的开发和利用，以及增加对电力和替代能源载体的使用等。在温升 1.5℃ 目标下，到 2050 年全球煤炭、石油和天然气的消费量需在 2019 年的基础上分别下降 95%、60% 和 45%；在温升 2℃ 目标下，相应地对煤炭、石油和天然气的消费量则分别需要下降 85%、30% 和 25%。

针对中国的各情景模拟可得，基准情景下一次能源消费总量在 2050 年之前将进一步增长，达到 54 亿~74 亿吨标准煤（以下用 tce 表示），相较于 2010 年增加约 1 倍。从增长率看，2010—2030 年，UNDP 参考情景下的增长率最快，2030 年能源消费量为 2010 年的近 1.9 倍。2030—2050 年，IEA 基准情景下的增长率最快，2050 年能源消费量为 2030 年的 1.4 倍左右。从比较情景来看，2050 年之前，除 Tyndall 以外，各情景均未得出能源消费峰值，即 2010—2050 年中国能源消费量逐年上升，但是能源消费的增速将逐渐放缓，且相较于2050年基准情景的能源消费量大幅下降，可减少10亿~20亿元。

同时，考虑在各情景下中国未来能源结构的变化，在不同情景下，煤炭作为中国主要的化石能源消费种类，在能源消费中的比例将逐年下降，同时，非化石能源在能源消费中的比例将会逐年上升。但是，根据各情景模拟结果，2050年之前，煤炭仍然是中国最重要的能源品种。UNDP参考情景和IEA基准情景下，2050年煤炭比重仍分别高达59%和56%。在比较情景下，煤炭占比相对略低，占30%左右。相比之下，以核电、水电、风电、太阳能电力为主的非化石能源占比将不断上升，到2050年，即使在UNDP参考情景和IEA基准情景得出的最低估计下，非化石能源的比重也将达到14%左右。在比较情景下，2050年非化石能源的比重更高，接近40%。

在可再生能源中，风能和太阳能发电量迅速增长，成本显著下降，但面临着规模化部署带来的土地可用性、配套基础设施建设、电网继承与优化、生态安全和融资渠道等挑战。作为可再生电力的主要来源，水能和核能技术发展较为成熟，但也面临着社会环境挑战[9]。

面对电气化水平的不断提升以及电力系统和其他系统的日益整合，能源系统实现净零排放转型必须依赖系统性思维，充分考虑不同能源部门和系统之间的相互关系。未来，通过采用先进的集成式系统和数字化技术，进一步考虑各部门之间的交互作用，可以大幅降低低碳能源系统的基础设施投资成本[10]。同时，灵活技术以及先进的控制系统，例如，能源存储、需求侧响应、电网间的互联传输等，也可以促进能源系统低碳转型的成本效益增长，并能够大大增加系统的灵活性和安全性[11]。

技术进步与CDR

《报告》指出，在不同的政策组合下，为减少工业、建筑业等部门的二氧化碳排放，需要从供给端和需求端分别做出行动。同时，生产工艺等技术的革新，例如CDR，也在IMP-Neg、IMP-GS等情景中承担重要作用。

技术进步是助力全球应对气候变化的关键因素之一。过去 10 年，大规模储能、智能电网、分布式可再生能源网络等技术的迅速发展使得全球低碳转型的潜力增强，从而促进了气候目标和其他可持续发展目标的实现。2010—2019 年，太阳能、风能的单位成本分别下降了 85%、55%，已经低于化石能源的单位成本。同时，储能成本也大大下降：锂电池的单位成本下降 85%。据估计，到 2030 年，成本不超过 100 美元/t CO_2-eq 的减缓方案可减少全球温室气体排放至 2019 年排放量的一半。在减少的排放量中，太阳能、风能和储能技术的发展带来的能源效率提高，甲烷（CH_4）排放量减少等影响将会做出巨大贡献。然而，尽管致力于创新体系的针对性政策和综合性政策使技术成本得以降低并为全球采用，但发展中国家的创新水平仍然总体落后，可再生能源的部署仍存在较大区域差距。

CDR 作为全球实现温室气体净零排放、平衡难以转型行业剩余排放的重要手段，是在温升 1.5℃ 和 2℃ 的情景下的必要依赖。WGⅢ 给出的所有 IMP 情景都需要使用基于陆地的生物 CDR（以造林和再造林为主，A/R）、具有碳捕集和封存功能的生物质能源（Bio-Energy with Carbon Capture and Storage，BECCS）或直接从空气中进行碳捕集和封存（Direct Air Carbon Capture and Storage，DACCS）技术。据《报告》估计，如果要将 2020 年至 2100 年期间的温升控制在 2℃ 或更低的情景下，BECCS 的累积量、基于土地管理的 CO_2 净清除量和 DACCS 分别需要达到 328（168~763）Gt CO_2、252（20~418）Gt CO_2 和 29（0~339）Gt CO_2。在 IMP-Neg 和 IMP-GS 情景中，CDR 具有重要作用。然而，CDR 技术在运用过程中仍存在不确定性，未来仍需要进一步探究。

中国电力行业的低碳转型同样取决于可再生能源（尤其是风能和太阳能）的迅速扩张、燃煤电厂的加速淘汰以及 CCS 的使用。据研究[12]，到 2050 年，要实现温升 2℃ 和 1.5℃ 的减排目标，需要将煤电 CCS 和煤炭-生物质掺烧发电再加上 CCS（Partial Bio-Energy with Carbon Capture and Storage，PBECCS）的发电量比重分别增至 9.9% 和 12.4%。由于 CCS 可以捕获 90% 的碳排放量，在燃煤电厂加装 CCS 将使其变为一种相对低碳的发电技术。再考虑煤炭、生物质掺烧发电与 CCS 结合形成

PBECCS，能够产生负排放技术，有利于在不影响电力生产的情况下减少碳排放。同时，CCS和PBECCS技术的部署还能够充分利用现有的煤电机组，避免一部分煤电资产提前退役而导致的资源浪费。与IPCC报告得出的减缓路径一致的是，部署CCS和PBECCS受到成本和生物质资源的限制。由于成本高昂，CCS技术在中国并未形成商业化规模，仍然处于示范阶段。

投资与成本分析

尽管《报告》中各情景没有考虑气候变化造成的损害或适应成本，但也对不同减缓路径造成的GDP损失进行了估算。预计到2050年全球GDP将翻倍，相较于GDP增长，减缓气候变化对宏观经济的总体影响较小。但在不同的减排路径和温升情景下，全球GDP的损失存在差异。在温升1.5℃的情景下，减缓路径产生的GDP损失约为2.6%。在温升2℃的情景下，GDP损失则相对较低，约为1.3%。同时，不同国家面临的GDP损失也存在差异，损失程度取决于各个国家采取的措施和行动方案。

气候资金不足是阻碍减缓方案实施的最重要因素。《报告》指出，大规模、跨领域、多层级的减缓方案有利于强化应对气候变化行动，如果立即实施成本相对较低的减排措施（成本低于100美元/t CO$_2$-eq），2030年全球二氧化碳排放总量有望在2019年的基础上减少至少一半。然而，在短期内，各国实施有效的应对气候变化行动仍存在诸多障碍，其中气候资金不足是最为显著的因素（尤其是发展中国家）。据估计，在2℃和1.5℃的温升情景下，2020—2030年，每年的气候投资需求应是当前水平的3~6倍。相对于发达国家，发展中国家面临的气候资金缺口更大，主要集中于适应气候变化、减少损失损害等领域。因此，加强向发展中国家提供气候投融资、拓宽其他资金来源渠道是帮助发展中国家强化减缓行动和解决资金、资源不平衡问题的关键因素。然而，发展中国家自身存在的经济脆弱、机构能力不强、国内资本市场规模小等问题仍然不可忽视。

同样地，据相关研究结论[13]，中国要实现长期低碳转型目标，同样面临着较多投资需求，主要包括能源和电力系统新建基础设施投资、终端节能、能源替代基础设施建设和既有设施改造的投资。从总量来看，2020—2050 年累积能源供应投资需求从 $5.37×10^5$ 亿元增加至 $9.91×10^5$ 亿元（2℃情景下）和 $1.38×10^6$ 亿元（1.5℃情景）。强化情景下的能源供应投资需求是政策情景的 1.5 倍，2℃情景和 1.5℃情景下的能源供应投资需求则分别是政策情景的 1.8 倍和 2.6 倍。因此，为实现 21 世纪中叶深度脱碳目标，中国需要建立完善的投融资机制和资金保障措施。

第 2 节　我国经济社会系统未来电气化率和电力低碳化的内在要求

如前所述，气候变化及其驱动因素——人为碳排放问题已成为全球范围内的重大挑战，对人类社会和生态环境构成严重威胁。随着科学家对气候变化及影响的警示日益升级，各国纷纷将减少碳排放作为应对气候变化的重要目标，对实现"碳中和"做出规划，并以期达到净零碳排放。在实现这一目标的过程中，可再生能源电力正展示出无可替代的重要作用。

作为第二次工业革命的引导力量，时至今日电力已经渗透到生活的方方面面。传统电力的获取以火力发电方式为主，通过消耗化石能源进行转化，如何对电力这一受众庞大而又不可或缺的资源形式进行资源节约型管理和清洁型获取，成为切实降碳的重要课题。可再生能源，如太阳能、风能、水能、生物能等，作为永续资源，不仅在能源供给方面具有显著优势，更在碳减排和环境保护方面有巨大潜力。近年来，各国纷纷加大投资力度，积极推动可再生能源电力的发展，以期在能源转型中发挥引领作用，实现低碳经济的可持续发展。

1.2.1　中国电气化与电力低碳化的现状

2020 年 12 月，习近平总书记指出，"到 2030 年中国单位国内生产总值二氧化碳排放将比 2005 年下降 65% 以上，非化石能源占一次能源消费比重将达到 25%

左右"。该声明被认为是《巴黎协定》签订以来国际社会收到的最强有力的信号。尽管我国能源消费强度持续下降，但我国"富煤、贫油、少气"的资源禀赋客观造成了我国以煤炭为主的能源消费结构，并且我国目前经济水平距离西方发达国家仍然有一定差距。如何在保证经济水平稳步发展的前提下，短时间完成达峰目标，需要通过调整我国能源结构来解决。能源领域是实现"双碳"目标的主战场。结合我国能源资源禀赋和基础，最终构建以新能源为主体，基于碳捕捉的化石能源为保障的低碳、安全、高效的能源格局[14]。在这个过程中，电气化和电力低碳化将发挥重要作用。

在"双碳"目标引领下，电气化将是能源中长期发展的主要方向和推动经济社会全面绿色转型的有效途径。电气化水平不仅是现代文明进步的重要标志，更是实现"双碳"目标的必然选择。随着"双碳"目标升级为国家战略，电力行业作为实现"双碳"目标的重要领域，其低碳发展对我国实现"双碳"目标起着至关重要的作用[15]。Nina Zheng Khanna等（2018）在研究中对中国多种技术选项下的减碳行动进行情景评估，研究结果表明，最大限度地利用非常规电力和可再生能源技术可以使中国提前至2023年达到二氧化碳排放峰值，并且在2050年前能进一步大幅减少二氧化碳排放量[16]。

电能作为优质高效的能源，电气化水平的提高有利于提高全社会能源效率和降低能源消耗。电能产生的经济价值相当于等当量煤炭的17.3倍、石油的3.2倍，电能占终端能源比重每提高1个百分点，能源强度下降3.7%。根据《中国电气化年度发展报告2021》的数据[17]，2020年，全国电能占终端能源消费比重约26.5%，工业部门电气化率26.2%，电气化发展趋于平稳，其中四大高载能行业电气化率17.8%。建筑部门电气化发展水平快速提升，"十三五"以来电气化率累计提高10.9个百分点，达到44.1%。交通部门电气化率3.7%，电气化发展潜力巨大。从供应侧看，电力优化一次能源结构的作用不断增强，2020年全国发电能源占一次能源消费比重约45.7%，非化石能源电力消纳量占比达到33.7%。电网资源配置平台作用凸显，特高压线路输送可再生能源电量占比

45.9%。

但是我国电气化进程还处于中期阶段，与西方发达国家所处的电气化中期高级阶段相比仍然存在差距，我国人均年生活用电量 775.8kWh，低于世界平均水平约100kWh；非化石能源发电量占比 33.9%，与美国相当，低于法国、巴西、德国等国；单位发电量二氧化碳排放强度 565g/kWh，在主要国家中处于偏高水平；我国单位 GDP 电耗 823kWh/万元，与发达国家相比存在明显差距，是世界平均水平的1.8 倍。我国工业用电占工业终端用能比重与整体电气化率基本一致，但是钢铁、建材、化工、有色 4 个工业领域重点碳排放行业，仅有色行业电气化率高于全国水平，如中国钢铁工业电能占终端能源消费比重约 10%，低于全国平均水平 23.9%，电气化总体仍存在较大发展空间。

同时，我国电力低碳化也处于较落后的水平，截至 2021 年底，我国发电装机容量已经达到 23.8 亿 kW，但其中火电装机容量占比为 56.58%，可再生能源发电装机容量占比仅为 41.13%。从发电量来看，火电发电量占比为 70.29%，可再生能源发电量占比为 29.5%，其中风光发电占比仅为 9.7%。电力碳排放占全国碳排放总量的四成以上。电力低碳化的潜力很大，它将成为我国实现低碳创新发展的原动力。

1.2.2 电气化和电力低碳化对减碳的影响

电力系统可细分为电力供给侧、消费侧和电网侧三个关键组成部分（如图 1-2所示）。为了有效减少碳排放，需要针对每个组成部分采取不同的减碳策略。在电力供给侧，减碳策略的核心是电力低碳化，增加可再生能源的比例，减少对化石燃料的依赖。在消费侧，我们需要关注电气化率的提升，促进能源节约。在电网侧，需要应对供给侧和消费侧调整带来的电源和负荷的双重不确定性，以实现电力系统的高效管理和灵活调度，以便更好地整合可再生能源，并降低能源损耗。通过采取针对性的减碳策略，推动电力系统向低碳、可持续的未来发展。

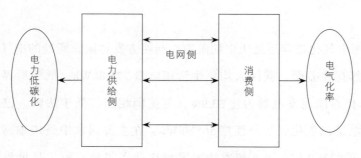

图1-2　我国电力减碳概念图

电力供给侧——电力低碳化

在电力供给侧，减碳的主要方式为电力低碳化，电力低碳化的方向目前主要有可再生能源转型和电力技术减碳。可再生能源发电主要包括水电、风电、太阳能发电、核电、生物质发电、余压发电、地热发电、海洋发电等，具有低碳排放的特点，替代高碳属性的化石能源发电具有显著的降碳效应。表1-6列出了不同作者对电气化率和未来可再生能源使用情况的预测。

表1-6　　　　　　　　对电气化率及未来可再生能源使用情况的预测　　　　　　　　单位：%

时间	2020	2025	2030	2035	2050	2060	来源
电气化率	26.5	31.4	—	40.6	51.7	—	张运洲等[18]
	—	31.6	35.7	—	—	66.4	中国企业电力联合会[17]
	—	—	—	—	45		Nina Zheng Khanna[16]
可再生能源使用情况	15.8	20.3	—	31.8	57.3	—	张运洲[18]
	—	—	27.4	—	—	60.3	中国企业电力联合会[17]

杨帆和张晶杰（2021）认为我国需要保持风电、光伏发电合理发展，在风能、太阳能资源富集区加快建设清洁化综合电源基地，实现新能源集约、高效开发；在用电负荷中心地区稳步发展分散式风电、低风速风电、分布式光伏发电，在东部沿

海地区大力推动海上风电项目建设，在中西部地区有序建设光热发电项目。积极推进风电、光伏发电平价上网示范项目建设，控制限电严重地区风电、光伏发电建设规模。在常规水电方面，统筹优化水电开发利用，坚持生态保护优先，妥善解决移民安置问题，积极稳妥推进西南水电基地建设，严控小水电开发。在核电方面，统筹兼顾安全性和经济性，核准建设沿海地区三代核电项目，做好内陆与沿海核电厂址保护。根据市场需求，适时推进沿海核电机组实施热电联产，实现核电合理布局与可持续均衡发展。并预测到 2025 年、2030 年、2050 年、2060 年我国非化石能源发电装机占比将分别达到 52%、59%、90% 和 95%[19]。

陈胜等（2021）认为"零碳排放"新能源（以风电与光伏为主）的高比例渗透已成为能源系统转型与变革的必经之路。但新能源存在着间歇性、波动性、难以准确预测的特点。因此新能源可通过电转气、电转热、电制氢等能源耦合设备分别为天然气、热力、交通侧等负荷提供绿色能源供应，形成多能流协同系统[20]。康重庆等（2022）认为在碳达峰与碳中和的场景下，高比例甚至 100% 可再生能源并网的电力系统，将会是电力系统实现净零排放目标的发展方向。但由于其不稳定性，在面向未来高比例可再生能源消纳方面，研究可再生能源与碳捕集电厂的协同运行，在发挥火电"压舱石"作用的同时提高系统碳减排水平，也具有重要意义[21]。

李世峰和朱国云（2021）认为在"双碳"愿景下实现电力脱碳与低碳化的关键是 CO_2 捕集、利用与封存（Carbon Capture，Utilization and Storage，CCUS）。根据国际能源署（IEA）的研究结果，2045 年前全球将淘汰所有非碳捕获与封存煤电机组。因此，要对 CO_2 捕集、分离、利用、封存及监测全流程开展核心技术攻关，尽快建立 CCUS 标准体系及管理制度、CCUS 碳排放交易体系、财税激励政策、碳金融生态，推动火电机组百万吨级 CO_2 捕集与利用技术应用示范，实现 CCUS 市场化、商业化应用[14]。

王月明等（2022）提出煤电的低碳化发展首先要考虑存量机组的节能提效，采用节能改造及机组延寿等技术达到提效目的；新建机组必须采用先进高效的发电技术，如超高参数超超临界发电技术以及超临界 CO_2 循环发电技术，通过降低煤耗减少碳排放；对于全部的煤电机组，需要采取包括锅炉深度调峰、控制系统调峰适应性改造、热电解耦以及储能在内的各种技术实现灵活调峰[22]。

消费侧——电气化率的提升

随着电力低碳化的推行，电能会逐渐变为更加清洁的能源，最终变为零碳能源，因此提升电气化率可能会减少大量隐含碳排放，并且电能作为高品质能源，符合未来发展的要求。

侯方心等（2020）认为在全球能源互联网情景下，电力是终端能源消费的核心载体，能源消费由煤、油、气等向以电为中心转变。全球电能消费总量逐年上升，2050 年全球用电量将增至 62 万亿 kWh，电能占终端能源消费比例将增至 50% 左右[23]。

电气化率的提升可以从多个部门角度考虑，能源消耗最多的工业部门，电能替代仍具有一定发展潜力。电锅炉替代燃煤锅炉以及电加热炉替代燃煤、燃油加热炉是传统能源密集型行业电能替代的主要方向。随着清洁能源发电成本的降低与技术进步，电解水制氢、电解燃料等将逐步具有经济性优势，在工业中将得到广泛应用。交通部门中，电动汽车处于起步的阶段，氢燃料电池汽车、电气化铁路发展也具有显著提升空间。建筑部门中电炊事、电制热、电采暖、热泵应用是建筑部门电能替代的主要方向。

电网侧——电网发展面临的问题

电气化率的提升和高比例可再生能源发电，是未来能源革命背景下电力系统结构变化的突出特征，但大部分可再生能源都具有较强的波动性、随机性，例如风电、光伏等波动电源的波动特性源于一次资源的特性，风光资源是一种过程能源，不可存储、不易控制，在不同时间尺度、不同空间范围，呈现不同的波动特性。在高比例可再生能源并网的未来电力系统，电源波动将超过负荷波动成为系统不确定性的主要来源。而如何应对这种电源和负荷的双重不确定性，也成为系统规划和运行的核心问题。

鲁宗相等（2017）通过建立高比例可再生能源驱动的电力系统形态演化模型，

发现整个系统"源—网—荷—储"互动耦合特性凸显,不确定性成为规划和运行面临的核心问题[24]。赵曰浩等(2021)认为应该提升综合能源电力系统弹性,在多能流耦合程度很强的综合能源电力系统中,极端事件造成的大扰动首先会在某种子能源系统内部产生不良影响,此时若不能采取有效措施将其限制在该能源系统内部,则扰动将通过耦合连通元件传递至其他异质子能源系统中[25]。李桂鑫等(2021)认为针对清洁能源高比例接入和终端电气化率提升对城市电网规划的影响,需要应对发输变配电各个环节的不确定性,为有效提升可再生能源的消纳能力,进一步提高终端电气化率,其提出以下城市配电网规划建议:调节需求侧响应,在并网点设置储能设备,利用电动汽车并网技术等,因为储能系统可灵活调节可再生能源、快速调节电网功率、参与需求响应以及优化网络运行;采用主动配电网和智能用电技术,"主动"协调和"被动"调整配电网规划和运行水平[26]。

1.2.3 能源转型实施路径

要实现"双碳"目标,必须经历能源转型,但因为资源禀赋、经济发展存在差异,各个国家选择的路径不同。美国采取非化石能源和化石能源相结合的能源转型路径,欧盟采取能源电气化的转型路径,日本采取能源多元化的转型路径。

我国能源转型从能源供给侧看需要打造多元化、有韧性的低碳能源供给体系,即要实现电力脱碳与低碳化和燃料脱碳与低碳化;从能源需求侧看能源转型需要打造高效、清洁的能源消费体系,即要实现能源利用的高效化、再电气化、数字化[14]。

我国应优化实施路径,加强科技创新,完善体制机制,推动全社会电气化水平持续提升。构建多元化清洁电力供应体系,深入推进工业、建筑、交通领域电能替代,把节电贯穿于经济社会发展全过程和全领域,提升电力需求响应能力。对电力低碳化,在深度脱碳阶段,需要进一步挖掘用户侧的调节潜力,通过进一步完善面向用户侧的碳市场、电力市场等方式,实现电力系统低碳运行。技术方面,西部电源基地主要通过高比例集中式可再生能源搭配高灵活性火电机组、光热发电以及储能电站的打捆方式实现低碳运行；在东部负荷中心，以高比例集中式和分布式可再生能源，搭配高灵活性火电与气电调节为主，以抽水蓄能、电化学储能以及需求响应资源调节为辅的方式实现低碳运行。

第3节　新能源对经济社会发展的促进作用

全球气候变化是国际社会日益关注的问题。《巴黎协定》中各缔约国承诺将加强应对全球气候变化挑战，将全球平均气温较前工业化时期上升幅度控制在2℃以内，并努力将温度上升幅度限制在1.5℃以内。为应对气候变化，各个国家都制定了相关的方案和政策。中国作为碳排放大国，对全球碳达峰和碳中和具有至关重要的作用。2015年《强化应对气候变化行动——中国国家自主贡献》公开承诺了中国的CO_2排放在2030年左右达到峰值。2020年9月22日，习近平总书记在第75届联合国大会一般性辩论中指出，CO_2排放力争于2030年前达到峰值，努力争取2060年前实现碳中和。2021年，中国全国发电量83 959亿kWh，其中，燃煤发电50 426亿kWh，占比60%。可见，燃煤发电仍占据重要地位，其每年排放的温室气体不容忽视。因此，中国迫切需要推动新能源发展，以争取尽早实现碳达峰、碳中和的目标。

能源是经济社会发展的重要动力因素，也是实现"双碳"目标的关键，其和经济增长的关系一直是最受关注的热点问题之一。目前已有许多学者利用各种模型工具分析了能源消费和经济增长的关系，得到了许多成果。随着新能源消费的增加，国内外有关新能源消费和经济增长之间关系的研究逐渐增多，且其中以可再生能源消费与经济增长之间因果关系的实证研究居多。并且，由于研究时间、研究对象和研究方法的不同产生了不同的结果，Muhammad Shahbaz等（2020）将新能源与经济发展的关系归纳为增长假说、守恒假说、反馈假说和中性假说。我们总结了新能源促进社会经济发展的实证研究及其作用机理，并归纳了新能源与经济发展关系的争议点，最后提出了新能源发展对各国能源转型及社会经济发展的影响研究计划[27]。

1.3.1　新能源促进社会经济发展

文献回顾

国内外关于新能源消费对经济增长的影响的文献还没有达成一致的结论，较多的实证研究结果支持增长假说，即可再生能源的消费可以促进经济的增长。

尽管研究时间、研究方法不同，但国内相关实证研究的结果大多肯定新能源对经济增长的促进作用。徐祎（2017）、熊丽娟等（2017）、赵艳莉（2021）通过统计数据建立不同计量经济学模型的研究结果均支持增长假说，认为新能源消费对中国经济的增长有明显的促进作用[28-30]。王军（2014）、郭四代等（2012）估计了新能源消费和传统能源消费对中国经济增长的贡献率，均认为新能源消费的贡献远大于传统能源[31, 32]。

此外，国内还有部分相关研究，其研究目的虽然不是探讨中国新能源消费和经济增长之间的关系，但其研究结果却可以用来证明新能源对经济增长的促进作用。如李强等（2013）认为以新能源为代表的战略性新兴产业对经济增长的贡献要远远大于常规产业[33]；赵新宇和李宁男（2021）认为能源投资是经济增长的单向格兰杰原因[34]；而徐换歌（2021）得出了新能源示范城市的建设促进了区域经济增长的结论[35]。

一些研究对区域性新能源消费和经济增长的关系进行了实证研究：王军等（2013）对四川的研究显示新能源和传统化石能源都能促进经济的增长，但是新能源对经济增长的贡献比传统化石能源要大[36]；林琳（2012）则使用福建省相关数据建立了误差修正模型，认为福建省经济增长对新能源的利用具有一定的依赖关系，但新能源对经济增长带动作用的潜能尚没有充分挖掘出来[37]；晏燕（2014）在甘肃省统计数据的基础上建立了超越对数生产函数计量模型，结果显示，虽然目前甘肃省新能源对经济增长的贡献率要远远低于常规能源，但新能源对经济增长贡献的增长速度得到飞快发展，未来甘肃省经济增长将转为主要依靠新能源所带来的贡献[38]。这些研究的结果虽然略有不同，但都认同新能源对经济增长的促进作用。

相比于国内，国外对可再生能源消费和经济增长之间关系的研究较为丰富，四种类型的假说都得到证实。有相当多的一部分研究支持可再生能源消费对经济增长有积极作用的增长假说。部分学者在某些国家做了实证研究，Hamit Can等（2019）调查了保加利亚的可再生能源与经济增长之间的关系，发现可再生能源的消耗和可再生电力的产出是经济增长的原因[39]；Sonia Pearson（2021）对可再生能源消费对克罗地亚经济增长的影响进行了实证分析，结果显示，可再生能源对短期和长期的经济增长都有积极而显著的影响[40]；Justice Gyimah等（2022）对加纳的实证研究也表明，可再生能源对加纳的经济增长具有间接和直接的影响[41]。

一些学者从全球视角或跨国的地区视角出发。Muhammad Asif等（2021）探讨了不可再生能源和可再生能源消费对99个国家经济增长的影响[42]；Nadia Singh等（2019）使用了20个国家的数据探讨了可再生能源生产和经济增长之间的关系，及其对发达经济体和发展中经济体的影响差异[43]；Vural等（2020）对6个撒哈拉以南非洲国家的可再生能源和不可再生能源对产出的贡献进行了对比[44]；Inglesi-Lotz等（2016）和Wang Qiang等（2022）建立了面板数据回归模型讨论可再生能源发展与经济增长的关系，研究结果均使增长假说得到了支持[45, 46]。也有部分研究不仅认同可再生能源消费对经济增长的促进作用，还认为经济增长和可再生能源消费之间存在双向因果关系[47-49]。

还有部分研究从能源贫困的角度出发。能源贫困指的是因能源匮乏或能源消费方式不当而导致的贫困，是贫困的一个特征。Wang Wei（2022）等通过中国25个地区的数据，研究发现可再生能源技术创新显著缓解了家庭能源贫困[50]；Zhao Jun（2022）通过全球的数据也得出，可再生能源产业的快速发展有助于缓解能源贫困，且能源效率在可再生能源与扶贫关系中的中介作用显著，也就是说，可再生能源不仅直接缓解了全球能源贫困，而且通过提高能源效率对能源贫困具有显著的抑制作用[51]。

总的来说，国内外有较多文献支持新能源创新能够促进社会经济发展，其中较多学者通过多元线性回归模型和Granger因果关系检验进行证明，也有部分使用自回归分布滞后（ARDL）和向量自回归（VAR）模型等。国内学者多偏好对比新能源与传统能源对经济增长的作用，大部分文献得出新能源比传统能源更能促进社会经济发展的结论（见表1-7）。通过对国内不同省份的实证研究也证实了新能源在经济增长中的重要作用。国外则偏重于研究新能源在不同期限、国家等情况下的作用，通过实证认同新能源创新对经济增长的促进作用。

表1-7 新能源与经济发展关系相关文献

作者	时间	数据	模型	结果
仓定帮等	2020	仿真	两阶段经济增长模型	新能源支撑的经济增长速度要高于传统能源支持的经济增长速度
李强，楚明钦	2013	1980—2010年中国	超越对数生产函数计量模型	整体上以新能源为代表的战略性新兴产业对经济增长的贡献要低于以常规能源为代表的常规产业，但是战略性新兴产业对经济增长贡献的增长速度要远远大于常规产业
赵艳莉	2021	2000—2019年中国	根据Johansen协整理论，建立长期均衡模型和误差修正模型	从长期来看，新能源消费对经济增长的正向影响非常明显，是常规能源消费的4.95倍。结合误差修正模型与协整方程来看，新能源消费对经济增长的长期影响系数为13.8734，短期影响系数为5.2076，因此长期影响比短期更加明显。可见，新能源消费对经济增长有着明显的长期积极影响
王军	2014	1978—2012年中国	在C-D函数的基础上建立对数线性模型	新能源对经济增长率的贡献大于传统能源，发展新能源是我国经济快速健康发展的一个重要推动力

续表

作者	时间	数据	模型	结果
王军等	2013	1999—2010年 四川	多元线性回归模型； Granger 因 果 关 系 检验	新能源消费对经济增长存在较为显著的单向 Granger 因果关系，但是在短期内四川省地区生产总值的增长与新能源的消费量并没有显著的因果关系；同时，新能源和传统化石能源都能促进经济增长，但是新能源对经济增长的贡献比传统化石能源要大
郭四代等	2012	1990—2010年 中国	Granger 因果关系检验；线性回归模型	在短期内，新能源消费是促进国内经济增长的一大动力。但是长期来看，国内经济的高速发展也促进了新能源行业的快速发展。新能源和传统矿物能源的消费均能促进我国经济增长，但新能源对国内生产总值增长的贡献率大约是传统矿物能源的24.7倍
林琳	2012	1978—2009年 福建	协整检验和 Granger 因果关系检验；误差 修正模型	1978年以来，福建省经济增长对新能源的利用具有一定的依赖关系，并且对新能源消费的带动作用较好，但是新能源对经济增长带动作用的潜能没有充分挖掘出来，新能源的利用水平与经济增长的能源需求仍有较大缺口
徐祎	2017	1991—2014年 中国	向量自回归（VAR） 模型	新能源消费的增长对我国经济增长具有正向作用，同时经济增长也会促进新能源消费的增长，两者存在动态的双向关系

续表

作者	时间	数据	模型	结果
晏燕	2014	1979—2011 年 甘肃	超越对数生产函数计量模型	目前甘肃省新能源对经济增长的贡献率要远远低于常规能源，但新能源对经济增长贡献的增长速度飞快发展，未来甘肃省经济增长将转为主要依靠新能源所带来的贡献
熊丽娟等	2017	1978—2014 年 中国	多元线性回归模型；协整检验和 Granger 因果关系检验	新能源消费能促进 GDP 增长，新能源利用效率提高促进 GDP 实际年增长率上升，新能源对经济增长展现出较大的促进作用
Benjamin Ampomah Asiedu	2020	1990—2018 年 26 个欧洲国家	多元线性回归模型；Granger 因果关系检验	经济增长和可再生能源消费之间存在双向因果关系
Sonia Pearson	2021	1996—2018 年 克罗地亚	ARDL	可再生能源对短期和长期的经济增长都有积极而显著的影响
Wang Qiang 等	2020	2005—2016 年 34 个 OECD 国家	面板阈值模型（the panel threshold model）	可再生能源消费对经济增长的影响是正向的，说明可再生能源消费的增加有助于经济增长
Zhang Xinyue 等	2021	1960—2019 年 中国	ARDL - ECM 模型；Toda - Yamamoto 因果关系；Granger 因果关系检验	可再生能源在短期和长期内对 GDP 都有正向的影响，而不可再生能源仅在短期内对 GDP 有正向的影响。可再生能源消费和经济增长具有正向的双向影响
Wadad Saad 等	2018	1990—2014 年 12 个欧盟国家	面板变量误差修正模型（panel vector error correction model）；Granger 因果关系检验	短期内从经济增长到可再生能源消费存在单向因果关系。然而，从长远来看，可再生能源消费和经济增长之间存在着双向的因果关系
Muhammad Asif 等	2021	1995—2017 年 99 个国家	面板修正标准误估计（PCSE）	对于总体样本，不可再生和可再生能源消费对经济增长的影响显著为正

续表

作者	时间	数据	模型	结果
Hamit Can 等	2019	1990—2016年 保加利亚	ARDL 模型；Toda - Yamamoto 因果关系；	可再生能源的消耗和可再生电力的产出是经济增长的原因
Justice Gyimah 等	2022	1990—2015年 加纳	格兰杰因果关系；中介模型	可再生能源对经济增长具有显著的总体影响
Nadia Singh Rich-ard Nyuur 等	2019	1995—2016年 20个发达国家和发展中国家	完全修正的普通最小二乘（FMOLS）回归模型	可再生能源生产对发达国家和发展中国家的经济增长都具有统计上显著的正向影响。与发达经济体相比，发展中经济体的可再生能源生产对经济增长的影响更大
赵新宇，李宁男	2021	1997—2017年 中国	VAR 模型；Granger 因果关系检验	能源投资是经济增长的单向格兰杰原因
徐换歌	2021	2013—2017年 中国 287 个城市	双重差分模型；面板数据回归模型	新能源示范城市的建设促进了区域经济增长，且随着政策的推进，经济增长效应不断强化
Syed Ahtsham Ali	2021	2008—2018年 G7 国家	分位数自回归分布滞后（QARDL）模型	新能源研发对经济增长有正向影响
Inglesi-Lotz 等	2016	1990—2010年 34 个 OECD 国家	柯布道格拉斯函数；面板数据回归模型	可再生能源消费增加会使国内生产总值增加
Wang Qiang 等	2022	2002—2018年 104 个国家	面板数据回归模型	可再生能源与经济增长之间存在正相关关系
Vural 等	2020	1990—2015年 6个撒哈拉以南非洲国家	Pedroni 面板协整检验	可再生能源和不可再生能源对产出的贡献非常接近
Wang Wei 等	2021	2012—2016年 中国 25 个地区	部分线性函数系数（PLFC）模型	可再生能源技术创新显著缓解了能源贫困
Zhao Jun 等	2022	2000—2014年 64 个国家	多元线性回归模型	可再生能源产业的快速发展有助于缓解能源贫困，且能源效率在可再生能源与扶贫关系中的中介作用显著，也就是说，可再生能源不仅直接缓解了全球能源贫困，而且通过提高能源效率对能源贫困具有显著的抑制作用

新能源创新促进社会经济发展作用机理

　　国内已有文献多认可新能源对经济社会的促进作用，但很少有学者对两者之间的作用机理进行深入研究，更多的是部分学者在分析新能源和经济增长之间的关系时提出可能的影响途径。

　　仓定帮等（2020）使用两阶段增长模型发现新能源支撑的经济增长速度要高于传统能源支撑的经济增长速度，认为新能源的发展可以带来大批的新兴产业，它将促使人们的出行方式、消费观念甚至居住行为出现新的模式，并衍生出服务业需求，推动经济高质量发展[52]。张鸿宇等（2021）建立了综合经济社会效果评价模型，认为以新能源为主体的深度能源转型将对经济发展产生显著的经济效益：一方面，随着风光发电及储能技术成本快速下降，以新能源为主体的深度能源转型将促进中国用能成本进一步下降，带动中国制造业的发展与光伏和风电设备的出口，从而驱动经济持续增长；另一方面，新能源的快速发展可以催生新兴产业并带动就业岗位的增加，从而拉动经济增长[53]。赵艳莉（2021）的研究结果显示新能源对经济的促进作用比常规能源更加明显，主要有两个原因：第一，随着技术进步，我国对新能源的利用效率提高，新能源发电成本逐渐降低，与火电成本的差距越来越小；第二，数据显示，常规能源的价格指数在近20年呈现震荡上涨的趋势，而新能源因为使用的是自然资源，在投入一定的固定成本建成新能源发电机组之后，不需要投入其他常规能源，不受其价格上涨的影响[30]。此外，徐换歌（2021）在检验新能源示范城市设立的经济增长效应时发现产业结构优化和技术创新强化是新能源示范城市经济增长效应产生的重要传导机制[35]；Wang Qiang 等（2022）从国家风险的视角研究了可再生能源消费在不同国家风险下对经济发展的非线性影响，综合风险和政治风险越低，可再生能源消费对经济发展的促进作用越大[46]；在 Dasanayaka Chamila H 等（2022）的研究中，虽然可再生能源消费对斯里兰卡的GDP没有显著的直接影响，但可以通过资本积累产生间接的正向影响[54]，具体见表1-8。

　　新能源创新会拉动国内外对新能源产业的投资，促进新能源技术的进步，通过提高新能源利用效率的方式降低储能技术成本和可再生能源的成本，因此用能成本将进一步下降，继而促进电动汽车、交通设备制造和其他相关产业的发展。同时，技术进步也会进一步推动中国新能源技术的出口。

另外，在石油、天然气、煤炭价格不断上涨的同时，依靠风力、水力等的新能源受其他能源价格上升影响较小。更多消费者转向消费新能源，减少消耗化石能源，从而达到减少二氧化碳排放、提升空气质量的效果，这将避免大量碳排放产生的社会成本。碳排放社会成本可用来定量表征边际碳排放通过碳循环和气候系统所造成的环境负外部性，包括但不限于对生产力、人类健康、生态系统的影响及频繁的极端气象事件所导致的财产损失。风电和光伏产业规模的扩大也将促进相关行业就业岗位增加，带动国内就业。同时，新能源产业也能通过资本积累对社会经济形成积极影响。

表1-8　　　　　　　　　　　　新能源创新促进经济发展作用机理

作者	主要研究结论
仓定帮	新能源发展将会带来大批新兴产业，现下虽然还不能成为创造财富的主体，但是具有巨大的发展潜能，甚至是引领中国未来的支柱产业，在经济发展的过程中要具有前瞻性，高度重视并提前培育
魏晓平	新能源将带来新生活、新业态和新消费，成为未来绿色发展的新动力。新能源的发展使得人们的出行方式、消费观念甚至是居住行为都将出现新的模式，而其中衍生出来的服务业需求巨大。政府要在多方面进行政策引导，做好设施配套，使得相关服务行业能够适应能源变革带来的变化，促进经济高质量发展
张鸿宇等	在风光发电及储能技术成本快速下降的情况下，以新能源为主体的深度能源转型将促进中国用能成本的进一步下降，带动中国制造业的发展，以及光伏和风电设备的出口，从而驱动经济的持续增长。新能源的快速发展将带动就业岗位的净增长，同时也将协同控制碳排放和常规污染物排放，带来显著的环境健康效益并避免大量碳排放造成的社会成本
赵艳莉	新能源消费对经济增长的促进作用更加明显。第一，随着技术进步，我国对新能源利用效率提高，例如水电、风电和光伏发电的成本与火电的成本的差距不断缩小。第二，据EPSDATA数据显示，近20年来，世界石油、天然气、煤炭价格指数呈现震荡上涨的趋势，2000年仅为73.9，2018年上升至157.69，其中2008年高达234.79；而新能源依靠的是自然资源，例如风力、水力等，在投入一定的固定成本建成新能源发电机组之后，不需要投入其他常规能源，不受其价格上涨的影响

续表

作者	主要研究结论
徐换歌	产业结构优化和技术创新强化是新能源示范城市经济增长效应产生的重要传导机制
Wang Qiang 等	研究了可再生能源消费在不同国家风险（综合风险、政治风险、金融风险和经济风险）下对经济发展的非线性影响。第一，综合风险较低的国家环境更稳定，可再生能源消费对经济发展的促进作用更大。第二，低政治风险有助于可再生能源消费在促进经济发展中发挥更大作用。第三，当金融和经济风险过低或过高时，可再生能源对经济增长有负面影响；当风险适中时，可再生能源对经济增长有正向影响
Dasanayaka Chamila H 等	虽然可再生能源消费对斯里兰卡的 GDP 没有显著的直接影响，但可以通过资本积累有间接的正向影响，也通过贸易平衡产生间接的负面影响

1.3.2　新能源赋能低碳社会构建

低碳社会的影响因素分析

当前全球有超过55%的人口居住在城市，2022年我国常住人口城镇化率达到65.2%，提前实现了"十四五"规划目标。随着我国社会主义现代化进程的加快，未来会有80%以上的人口居住在城市，低碳城市是低碳社会构建的重要组成部分。现有研究针对我国部分地区、省域情况展开，也有部分在全国宏观数据基础上挖掘可再生能源发展与碳排放之间的关系。不同学者在数据分析或理论研究的基础上，不断提出低碳城市构建的影响因素，从政府、企业和公众三大主体的行为角度进行研究：赵涛等（2019）通过建立面板均衡模型，采用格兰杰因果关系检验，收集西北五省区1995—2014年数据，在时间维度上探索了可再生能源消费与二氧化碳排放之间的长期均衡关系和动态因果关系，为西北区域减排目标的实现提供了思路[55]。姜曼等（2020）从省域数据切入，基于扩展的STIRPAT模型对我国各省区市2016—2017年可再生电力发展和碳排放数据进行OSL回归，展现了在"西电东送"政策背景下水电的核心作用，以及非水电可再生能源对降低碳排放的辅助作用仍处于方兴未艾的发展阶段，从而为各省区市能源及电力部门在资源调度、政策配合等方面做出指导[56]。范秋芳等（2022）从中央和地方两个角度对可再生能源政策进行量化分析，通过PVAR方法比较命令控制、经济激励等不同类型的政策对降碳的贡献度，并分析其贡献的地区差异，印证了可再生能源政策对碳排放的负向影响，发现中部地区政策作用不显著，东北地区命令控制型政策影响不大，提出加强顶层设计、完善地方差异化治理模式等建议[57]。王季康等（2022）从技术端对碳中和目标下可再生能源的发展模式进行探索，在多能互补的二氧化碳转化技术不断发展成熟，以及加强对生态碳汇重视程度的背景下，总结了化工园区、海岛和黑炭回收三个场景下的降碳机制[58]。

新能源推动降低碳排放的作用机理

程莉等（2018）集中研究可再生能源中的水力发电部分对碳排放的影响，并建立计量经济学模型研究这种影响的产业传导途径，认为水电开发通过在第二、三产业中对火电的替代作用实现人均碳排放量的减少，而第一产业无法有效传导这种影响[59]。赵振宇等（2022）则关注电力消费量的中介传导作用，以中国省际间可再生能源装机容量、可再生能源发电占比和可再生能源消纳比率作为解释变量，分别对其进行中介效应检验以探究三个解释变量对碳排放量的直接影响，以及通过电力消费量这一中介变量对碳排放的间接影响，得到可再生能源消纳问题是关系碳减排的核心结论，从而为我国贯彻能源革命、构建清洁能源电力体系提供参考[60]。

1.3.3　一个实证研究

通过对相关研究的概述可以发现，目前研究多针对碳排放这一单一层面，研究可再生能源发展对此变量的影响。但低碳社会的构建显然不能只依靠碳排放的下降来实现，低碳社会的可持续性需要公众环保意识的构建来实现，因此，本书在使用STIRPAT模型的基础上，以碳排放量和居民环保意识做被解释变量，通过构建回归模型研究可再生能源电力消纳比率、可再生能源发电装机容量和第二产业增加值等因素对二者的影响，并尝试解读可再生能源发展如何影响低碳社会构建。

模型设定与指标说明

参考 STIRPAT 模型方法，以人均 GDP（PGDP）衡量人口和富裕程度，将第二产业增加值占 GDP 比重（IS）作为衡量技术水平的指标，以上两个指标为模型的控制变量。同时考虑到可再生能源发展的量化，从消费者用电、生产者制电和政府行为三个角度，分别将可再生能源电力消纳比率 RECR（可再生能源实际消纳量/总用电量）、可再生能源发电装机容量占比（PREG）和可再生能源政策数量（REP）三个变量作为解释变量纳入模型。

被解释变量方面，人均碳排放（CE）参考程莉等（2018）的计算方法，根据 IPCC 推荐方法，选择原煤、焦炭、原油、汽油、煤油、柴油、燃料油和天然气八种主要能源进行计算：

$$CE = \frac{\sum_{i=1}^{8} E_i \times SCC_i \times CEC_i}{pop} \tag{1.1}$$

式中，i 表示各种能源；E 表示能源的消费量；SCC 表示不同能源的折算标准煤系数，来源于《中国能源统计年鉴》；CEC 表示 IPCC 提供的不同能源的碳排放系数，原煤、焦炭、原油、燃料油、汽油、煤油、柴油、天然气的 CEC 分别为 0.756、0.86、0.554、0.586、0.592、0.571、0.619、0.448。

居民环保意识（EAR）通过对中国综合社会调查（Chinese General Social Survey，CGSS）问卷数据赋分进行量化，以各省区市问卷得分均值作为该地居民环保意识的体现。最终对以上变量构建方程如下：

$$lnCE = \alpha_1 lnPGDP + \alpha_2 lnIS + \alpha_3 lnRECR + \alpha_4 lnPREG + \alpha_5 lnREP + \alpha_0 \tag{1.2}$$

$$lnEAR = \beta_1 lnPGDP + \beta_2 lnIS + \beta_3 lnRECR + \beta_4 lnPREG + \beta_5 lnREP + \beta_0 \tag{1.3}$$

数据说明

本次研究选取 2021 年北京、河北、山西、内蒙古、辽宁、江苏、浙江、安徽、福建、江西、山东、河南、湖北、湖南、广西、重庆、陕西、甘肃、宁夏 19 个省区市数据，GDP、总人口、第二产业增加值占比等数据来源于《中国统计年鉴》；可再生能源装机容量、总发电装机容量来源于《中国能源统计年鉴》《中国电力统计年鉴》《中国电力年鉴》等；可再生能源消纳比率引自国家能源局官方发布的《全国可再生能源电力发展监测评价报告》。可再生能源政策通过北大法宝数据库检索获得，通过"可再生""电力""碳"等关键词确定筛选范围，并进一步筛选2021年12月31日之前发布并已生效的相关政策，据此共搜索到与上述19个省区市相关政策法规共3 506条。

选择CGSS2021年发布的数据对环境意识进行量表评分，从环境关注、环境知识、环境自觉性和环保行动四个维度进行衡量，选取了H10和P6、P11、P19、P20、P21几个问题来打分度量（见表1-9）。

表1-9 变量描述性统计

	N	最小值	最大值	均值	标准偏差
人口数（万人）	19	725	10 169.99	5 133.3005	2 611.6477
GDP（亿元）	19	4 588.24	117 392.36	42 179.6684	26 834.7767
第二产业增加值占GDP比重（%）	19	18.05	49.64	40.4821	6.87986
可再生能源发电装机容量（万kw）	19	203	5 703	3 511.42	1 559.816
相关政策法规数量（个）	19	43	363	184.53	94.434
可再生能源电力消纳比率（%）	19	15.80	46.90	28.12	10.99
环境意识（无量纲）	19	40.35	48.74	44.9	1.98
人均GDP（万元）	19	4.11	18.75	8.31	3.5
可再生能源发电装机容量占比（%）	19	0.15	0.62	0.42	0.12
有效个案数（成列）	19				

回归结果展示

通过SPSS检验各变量之间的线性相关性，VIF检验值均小于5，发现不存在明显的共线性问题，从而建立线性回归模型系数见表1-10和表1-11。

表1-10 因变量人均碳排放（CE）

模型	未标准化系数		标准化系数
	B	标准误	Beta
（常量）	2.071	5.597	
可再生能源发电装机容量占比对数	-0.84	0.953	-0.302
可再生能源电力消纳比率对数	-0.741	0.791	-0.309
相关政策数量对数	-0.19	0.399	-0.126
产业增加值比重对数	2.36	1.057	0.576
人均GDP对数	-0.946	0.668	-0.39

表1-11 因变量居民环保意识（EAR）

模型	未标准化系数		标准化系数
	B	标准误	Beta
（常量）	4.09	0.308	
可再生能源发电装机容量占比对数	0.018	0.053	0.127
可再生能源电力消纳比率对数	0.04	0.044	-0.337
相关政策数量对数	-0.028	0.022	-0.38
产业增加值比重对数	-0.039	0.058	-0.192
人均GDP对数	0.034	0.037	0.278

从表1-10信息可以看出可再生能源发电装机容量、可再生能源电力消纳比率和相关政策数量三个变量均与人均碳排放强度呈现负相关关系，且前二者系数远大于政策变量系数，即在人均碳排放强度控制方面促进可再生能源发电装机容量增长和加速并网消纳发挥着更重要的作用，而带有政府执法监管行为性质的政策变量收效相对较小。在控制变量方面，第二产业增加值占比和人均碳排放强度呈现正相关

关系,符合预期。第二产业包括工业、建筑业等,以高耗能行业为主,其产业规模的扩大如果无法有效替代火电,极容易加速能源消耗,不利于低碳社会的建设。人均GDP与人均碳排放强度呈现负相关关系,在一定程度上证明了环境库兹涅茨曲线的存在,即城市经济发展达到较高水平后,二氧化碳排放量会上升至拐点后转而下降。

表1-11呈现出与表1-10类似的规律,可再生能源电力消纳比率在对居民整体环保意识提高方面,相比于可再生能源发电装机容量展现出了更大的优势,因为电力消纳涉及居民用电,从而更容易向居民意识层面传导,而可再生能源发电装机容量,相关数字或概念很少出现在普通民众视野内,也就不容易对其行为做出指导。同时人均GDP提高使人们开始重视生活质量的提高,良好的经济发展情况也营造了优质的环境保护氛围。

路径阐述和政策建议

以上分析印证了可再生能源发展对实现"双碳"目标、建设生态文明中国的正向促进作用,其中可再生电力的装机和消费发挥着至关重要的作用,但宏观层面上政府的调控、地区经济发展也必不可少。从消费者、电力企业和政府三个行为主体方面,可以总结出以下影响路径,并针对性地提出相关建议:

激发消费者可再生能源消费热情,提高水电、太阳能发电等清洁能源的消纳比率。电网企业应重视电网技术创新,完善可再生能源发电利用体系,开发和推广更多的可再生能源产品和服务,例如太阳能光伏板、风力发电设备等,通过提供各类可再生能源产品,满足消费者的不同需求。对于政府,首先应当推动完善电网建设,现阶段随着可再生能源(如太阳能和风能)的快速发展,电网面临可再生能源的大规模接入和消纳挑战,由于可再生能源的间歇性和不稳定性,电网需要应对波动性和预测难度问题,以确保供需平衡和稳定运行;其次政府应当鼓励能源购买和使用透明,通过向消费者展示电力来源比例、电网内清洁能源消纳情况、资源地理信息公开等,增强消费者对可再生能源的信心,提高环保意识。

扩大可再生能源发电装机规模,使用可再生能源电力代替传统火电。经济层面上，提供财政和税收激励，政府可以提供财政补贴、税收优惠和资金支持，鼓励企业投资可再生能源项目，在降低政府投资成本的同时增加可再生能源发电的吸引力，吸引更多私营资本参与；工作流程上，应当制定可再生能源发展目标及时间表，规划逐步提高可再生能源发电装机容量的计划，同时简化可再生能源发电项目审批和准入程序，缩短项目上马时间，提高政府工作效率和项目竞争力。

通过政策途径，在全国或地方范围内对可再生能源发展工作做出指导或进行监管。一方面应当加强制度顶层设计，推进立法工作。不断促进可再生能源高质量发展，通过实施能源扶贫、强化可再生能源市场监管等途径，充分发挥能源潜能，提高市场活力，并进一步带动地区经济发展和生活水平提高。另一方面重视中央政策与地方治理的协调，以《中华人民共和国可再生能源法》（以下简称《可再生能源法》）为基础，识别地区能源特有优势，因地制宜地实施多元政策扶持当地能源产业，如风能、生物质能、地热能等的发展建设，尽早实现低碳社会。

总结

在应对气候变化的过程中，可再生能源电力发展正展现出无可替代的重要作用。通过对 2021 年各省区市数据的回归分析，我们发现可再生能源电力发展对降低碳排放、推动低碳社会构建起着重要作用。具体而言，可再生能源发电装机容量、可再生电力消纳比率以及相关政策数量与人均碳排放强度呈现负相关。这意味着在降低碳排放方面，促进可再生能源电力装机容量以及增加可再生能源的消纳比率具有显著的正向效应。这一发现为实现低碳社会的目标提供了重要支持。

进一步分析表明，可再生能源消纳比率在提高居民环保意识方面表现出更大的优势。电力企业应重视电网技术创新，完善可再生能源发电利用体系，以提高消费者对可再生能源的认知和认可。政府则应该加强能源购买和使用透明度，向消费者展示电力来源比例和电网内清洁能源消纳情况，以增强消费者对可再生能源的信心，提高环保意识，鼓励居民更加积极地参与可再生能源消费。

在整个研究中，我们还发现人均 GDP 对碳排放有一定的负向影响，这表明经济发展水平的提高也有助于降低碳排放。因此，促进经济发展和可再生能源电力发展都是实现低碳社会的重要途径。

综上所述，可再生能源电力发展在构建低碳社会中具有重要作用。通过激发消费者对可再生能源的消费热情，提高清洁能源的消纳比率，扩大可再生能源发电装机规模，并通过政策途径加强指导和监管，可再生能源电力正在为构建清洁、低碳、高效的能源未来和低碳社会贡献力量。政府、电力企业以及公众应共同发挥各自作用，共同推动可再生能源电力的发展，实现气候变化应对和可持续发展的目标。只有在全球范围内形成合力，我们才能在未来建成更加环保、可持续的社会。

第2章　国际碳中和及促进新能源发展的政策与实践

第1节　国际上促进碳中和的经济与环境政策

2.1.1　可再生能源发展的关键影响因素

能源市场

　　能源市场对可再生能源发展的作用包括提供市场需求、供给、竞争力和经济效益。能源市场需求的转型和增长对可再生能源发展起着至关重要的作用。随着公众对低碳和清洁能源的需求不断增加，能源市场对可再生能源的供给和市场规模的扩大将促进其发展。可再生能源在能源市场中的竞争力和经济效益是推动其发展的关键因素。随着技术的成熟和成本的降低，可再生能源在能源市场中的竞争力增强，进而推动其装机容量的增长。

技术创新和进步

　　可再生能源技术的不断创新和成熟，如风力发电、太阳能发电、生物质能等，对推动可再生能源装机容量的增长至关重要。技术进步带来的成本降低和效率提高促使更多投资者和能源开发商选择可再生能源。同时新能源技术的发展对可再生能源的增长起到重要作用，如储能技术的进步可以解决可再生能源的间歇性和不稳定性，提高其可靠性和可持续性。

政策支持和法规环境

可再生能源这一新兴领域的发展对政府政策较为敏感，政策的稳定程度、扶持力度及结构特征显著影响企业的投资意愿[61]。政府的政策目标和法规环境对可再生能源发展起着至关重要的作用。政策支持包括财政和税收激励、补贴和奖励机制、可再生能源配额制度等，这些政策措施为可再生能源发展提供了支持和推动力。稳定的政策框架和长期的政策支持是吸引投资者和开发商参与可再生能源项目的关键。这种稳定性可以提供更好的投资保障和风险控制，从而促进可再生能源装机容量的增长。

中国于2006年正式施行《可再生能源法》，并推行了一系列政策促进可再生能源发展，包括可再生能源开发利用总量目标激励、固定上网电价、招标电价制度、电价补贴、保障性消纳政策等。风电、光伏等可再生能源的价格机制和补贴政策变迁如图2-1所示。

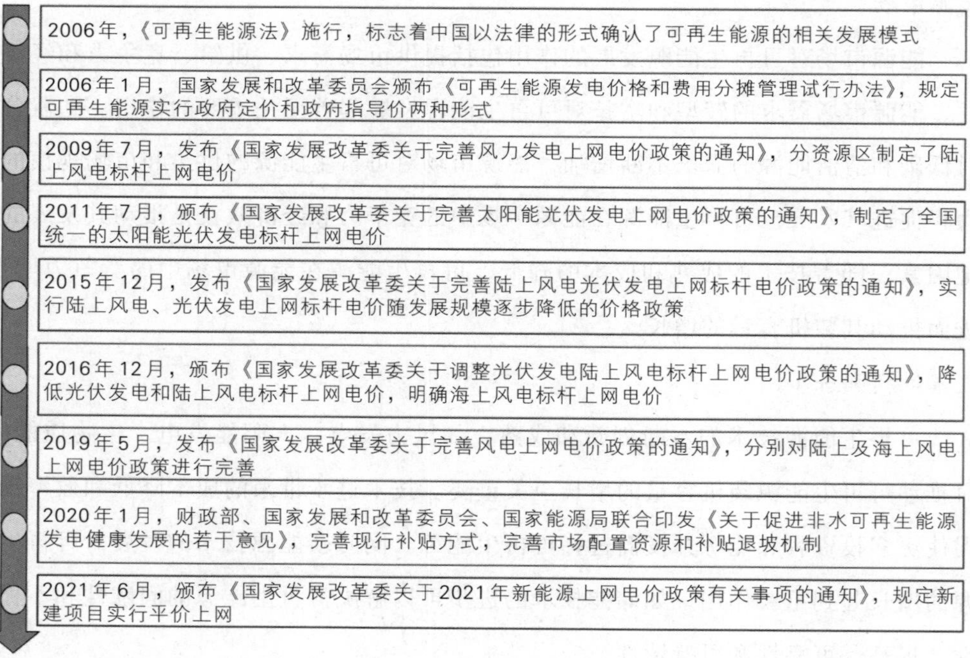

2006年，《可再生能源法》施行，标志着中国以法律的形式确认了可再生能源的相关发展模式

2006年1月，国家发展和改革委员会颁布《可再生能源发电价格和费用分摊管理试行办法》，规定可再生能源实行政府定价和政府指导价两种形式

2009年7月，发布《国家发展改革委关于完善风力发电上网电价政策的通知》，分资源区制定了陆上风电标杆上网电价

2011年7月，颁布《国家发展改革委关于完善太阳能光伏发电上网电价政策的通知》，制定了全国统一的太阳能光伏发电标杆上网电价

2015年12月，发布《国家发展改革委关于完善陆上风电光伏发电上网标杆电价政策的通知》，实行陆上风电、光伏发电上网标杆电价随发展规模逐步降低的价格政策

2016年12月，颁布《国家发展改革委关于调整光伏发电陆上风电标杆上网电价政策的通知》，降低光伏发电和陆上风电标杆上网电价，明确海上风电标杆上网电价

2019年5月，发布《国家发展改革委关于完善风电上网电价政策的通知》，分别对陆上及海上风电上网电价政策进行完善

2020年1月，财政部、国家发展和改革委员会、国家能源局联合印发《关于促进非水可再生能源发电健康发展的若干意见》，完善现行补贴方式，完善市场配置资源和补贴退坡机制

2021年6月，颁布《国家发展改革委关于2021年新能源上网电价政策有关事项的通知》，规定新建项目实行平价上网

图2-1 中国可再生能源电价与补贴政策演变

综合而言，能源市场需求、技术创新和政策支持等因素共同作用，促进了可再生能源的发展和装机容量的增长。这些因素相互影响，并在不同阶段对可再生能源发展产生不同程度的影响。

2.1.2　全球温室气体减排的政策选项

可再生能源政策的影响与效果

国内外学者对可再生能源政策的界定尚没有统一的标准。Groba 等（2013）根据可再生能源政策目标将其分为需求拉动和供给推动两种类型。此外，Fischer 等（2010）将可再生能源政策分为排放交易机制、碳排放标准、能源税、可再生能源生产补贴、可再生能源上网电价补贴（Feed-In Tariff，FIT）、可再生能源配额制度（Renewable Portfolio Standard，RPS）和投资研发政策。Polzin 等（2017）将可再生能源政策分为财政政策、与投资决策有关的政策以及各种监管措施等[62]。IEA 发布的《可再生能源 2019》报告将 FIT、RPS 和竞争性招标确定为推动可再生能源发展的三种主要方式。在国内学者的研究中，蒋轶澄等（2020）认为可再生能源政策主要分为政府补贴型和市场导向型，政府补贴型政策主要指 FIT 政策和溢价制度，市场导向型政策主要包括 RPS 和差价合约机制[63]。

通过梳理发现，可再生能源政策的分类标准呈现多样化，不同学者根据研究需要对政策进行自主分类界定，仍缺乏权威的主流分类方法及对各种分类方法的系统总结。

大量研究表明可再生能源政策有助于减少碳排放，促进可再生能源的发展。Xie（2018）以污染最严重的京津冀地区为研究对象，基于一般均衡模型，通过考虑环境税和可再生能源政策构建了 6 种情景。结果显示，可再生能源政策和二氧化硫税都可以促进区域低碳发展和大气污染物减排，根据不同的方案，可实现 10%~40% 的减排量。从行业角度看，电力行业在全部 3 个省市都将表现出最大的减排潜力。天津和北京在地区生产总值总量损失方面将比河北受到更大的负面影响，而发展可再生能源可以帮助减少这种负面影响[64]。Abrell 和 Rausch（2016）通过多国家多部门的一般均衡模型分析欧盟电力输送基础设施扩张与可再生能源渗透率对电力部门贸易收益和电力供应二氧化碳排放的影响，发现对二氧化碳排放的影响取决于同期可再生能源的渗透率[65]。

有学者就可再生能源政策是否促进了可再生能源的发展进行研究。Nicolini（2017）发现可再生能源补贴对可再生能源发展有显著的促进作用，上网电价优于可再生能源证书政策[66]。Chang 等（2016）全面系统地对东亚峰会国家可再生能源投资政策是否以及如何实现预期目标进行评估，从市场、不确定性、可盈利性、技术和融资 5 个方面建立评估指标，分别评估各种可再生能源政策是否有助于可再生能源市场发展，结果显示，就可再生能源投资政策而言，印度、澳大利亚、中国、日本和韩国是排名靠前的国家，而文莱、柬埔寨、老挝和缅甸则远远落后。各国政府应该最大限度地利用潜在利润，降低与投资有关的风险，开发和采用新技术，并改善获得财务资源的渠道[67]。Chang 和 Li（2015）利用线性动态规划模型对东盟电力市场可再生能源政策进行定量评估，包括能源市场整合、碳定价、可再生能源组合标准和上网电价，考察这些政策对发展可再生能源和减少碳排放的影响。结果表明，能源市场整合能显著促进可再生能源的使用，上网电价比可再生能源组合标准更具有成本有效性。30% 的可再生能源发电比例在政治上可以实现，也能以较低的成本增加可再生能源使用和减少碳排放[68]。Radomes 等（2015）分析了补贴和上网电价政策实施情景和政策组合的影响。结果显示，50%的投资补贴以及 0.30 美元／千瓦时的上网电价，共同提供了最高的边际扩散率[69]。

一些学者对可再生能源政策的成本问题进行了评估。Hitaj（2013）使用随机效应 Tobit 模型、Probit 模型和普通最小二乘法回归分析发现美国可再生能源激励措施以及促进上网的措施对推动风电发展发挥了重要作用。不同政策导致不同的投资组合，也对电价有不同影响，这两者导致政策的成本有效性存在差异[70]。Fell 等（2013）认为，可再生能源的价值因地点和技术而异。他们使用长期规划模型比较了一系列政策和替代参数假设的成本效益，发现对碳排放定价的政策优于可再生能源政策[71]。林伯强和李江龙（2014）以风电标杆电价政策为例，构建中国可再生能源政策量化评价的分析框架，通过随机动态递归构建了风电标杆电价政策量化评价模型，将传统能源市场的不确定性和中国可再生能源总量规划的现实情况结合起来，同时市场在各期根据收益最大化对市场环境做出反应，决定是否投入技术研发以降低未来风电开发成本[72]。Wesseh（2015）通过在不同情景下使用实物期权定价方法估算可再生能源技术的价值来量化可再生能源发电研发资金的利润，发现可再生能源技术在经济上具有一定吸引力[73]。李力等（2017）基于固定上网电价政策，建立了实物期权框架下的博弈模型，以刻画投资者在竞争可再生能源项目时的投资决策。数值分析显示独立于市场电价的固定上网电价越高，投资时间越早。该模型可以帮助投资者在参与可再生能源项目投资时确定投资触发，同时政府可以依据投资者的反馈，制定合理的补贴价格[74]。

环境政策的影响与效果

环境政策的分类比较成熟。环境政策工具可以分为"命令控制型""市场激励型""鼓励自愿型"3类。一般认为，命令控制型政策可靠性最高但效率低，而市场激励型政策效率高但不确定性也大。在减排行动初期应采用命令控制型政策，随着环境标准越来越严，企业的减排成本也在不断增加，命令控制型政策的阻力也会变大。市场激励型政策通过市场信号而不是环境标准来影响企业决策，因此市场机制取代命令控制有其必然性。

根据2008年IPCC发布的环境政策工具和评估标准，温室气体减排政策工具具体分为7类：法规/标准、税收/收费、可交易许可证、自愿协议、资金激励、信息化手段、技术研发。IPCC从环境有效性、成本有效性、分配公平性与制度可行性4个维度对7种环境政策进行了比较分析。表2-1给出了7种环境政策的对比分析。

表2-1 IPCC环境政策工具及评估标准（2008）

类型	法规/标准	税收/收费	可交易许可证	自愿协议	资金激励	信息化手段	技术研发
环境有效性	设定排放水平，效果取决于守约和制度执行情况	取决于税率的设计诱导行为改变	取决于排放限额、参与和守约情况	取决于方案设计，包括清晰目标、基准情景、参与设计和审查的第三方及监管	取决于项目设计，如条例标准等具有确定性	取决于消费者获取信息的程度，与其他政策联合使用更有效	取决于持续融资，长期可能有高收益
成本有效性	取决于制度设计，广泛应用往往导致较高的守约成本	广泛应用效果好，机构越薄弱，行政成本越高	效益随着参与者与部门的增加而显著	取决于政府激励、奖励和惩罚的程度和灵活性	取决于补贴的程度，可能造成市场扭曲	可能是低成本的，取决于项目设计	取决于项目风险程度
分配公平性	小的或新的行动者可能处于不利地位	累进征收，污染排放越多者纳税越多	取决于配额初始分配，不利于小额排放者	仅参与者能获益	补贴的受惠者不一定是受惠应得者	可能对缺乏信息的群体效果不明显	最初选择的参与者受益，容易造成资金分配错误
制度可行性	取决于技术能力，在市场功能差的国家受欢迎	在政治上通常不受欢迎	需要运作良好的市场	在政治上通常受到欢迎，需要大量的行政工作人员	受惠者欢迎，既得利益者阻碍	取决于特殊利益群体的合作	取决于研究能力和长期融资

　　20世纪90年代，波特提出了环境政策能够鼓励企业能源技术创新、增强企业竞争优势的观点。波特假说主张积极的环境政策，认为严格而恰当的环境政策能提高企业的环保意识，激励企业的技术创新行为，最终减缓或补偿环境政策给企业带来的环境成本。随着研究复杂性的增加，单一的波特假说对理论和经验的解释愈渐困难。学者们从政策类型和政策效果的角度，进一步将波特假说分为强、弱、狭义3种：强波特假说认为环境政策能够提高企业竞争力；弱波特假说认为环境政策能够激励企业创新，但对技术创新的影响不确定；狭义波特假说认为灵活的政策尤其

是经济手段，比传统的政策管制更能够激励企业创新。

严格的环境政策会抑制可再生能源技术创新。张成等（2011）和余伟等（2016）的研究指出技术标准、环境税和可贸易的排放配额等环境政策促使企业加大治污减排所需的人力、财力，增加企业的遵循成本。企业为了达到政府的政策预期，会调整研发预算、压缩劳动力成本或降低科研人员培训费用，以维持原有的利润水平，这会导致企业的吸收能力和创新能力下降，不利于可再生能源技术创新[75, 76]。程时雄等（2014）认为环境政策会增加企业成本，挤出部分研发投入资金，从而阻碍技术创新，某些情形下还会牺牲一定的经济增长[77]。

合理设置的环境政策会促进可再生能源技术创新。环境政策可以分为对污染行为的刚性约束和对环境创新的柔性补贴。叶琴等（2018）的研究发现在政策的双重激励下，企业通过创新形成新技术、新产品，并取得较高的创新绩效。创新绩效带来的利润不仅使环境管理成本得到补偿，还使企业的创新动机得到进一步强化，降低了企业对环境创新风险的敏感程度，有利于可再生能源技术创新[78]。

环境政策对可再生能源技术创新的影响具有不确定性，受一国要素禀赋、创新激励机制和政府政策执行的影响，张娟等（2019）认为环境政策与技术创新之间并非单一的线性关系。环境政策能引导企业研发方向、降低企业无效投入，但企业技术创新还受制于市场需求、企业自身知识存量、研发水平等多个因素。不同企业对同一环境政策会产生不同的反应，致使环境政策总体上对可再生能源技术创新的影响并不明显[79]。

环境政策能够引导和约束企业的经济行为，Shao 等（2020）的研究指出环境政策的管制会在一定程度上增加企业运营成本，因此被认为会使企业在竞争中处于劣势，合理的环境政策能够激励企业增加绿色低碳的技术创新行为，增加可再生能源技术研发支出[80]。Johnstone 等（2010）认为当缺乏环境政策管制时，企业会在短期收益最大化的驱使下，追求高排放、高污染但获益快的生产方式。环境政策可以鼓励企业识别新兴环境技术带来的商业机会，将资金投入未来可再生能源技术的研发[81]。郑石明（2019）和王班班等（2016）的研究说明政府环境政策能矫正市场失灵，弥补市场机制不足，且合理的可再生能源政策有利于提高研发和投资的收益预期，缓解企业研发成本压力，减少创新活动的不确定性，有利于可再生能源创新，同时也会形成强制约束，诱发技术创新[82, 83]。

政府通过环境政策加强环保监管，改变传统的市场环境，增加企业创新和进步的压力。李凡等（2016）指出严格的环境政策使许多高污染企业被关停，而拥有可再生能源专利技术的企业可以凭借绿色创新的先行优势扩大市场份额。因此，环境政策提高了企业开发可再生能源技术的内在驱动力[84]。

环境政策扩大了可再生能源的市场需求，拉动可再生能源技术创新。环境政策可以强制保障可再生能源市场，形成稳定的市场需求。赵立祥等（2020）的研究说明了可再生能源电力证书政策对企业的可再生能源消纳比重进行强制规定，由此企业必须购买一定量的新能源电力，增加了可再生能源的市场需求，当可再生能源积累了一定市场规模时，企业的创新研发支出可以从市场中得到补偿，使研发和产业化有机结合，降低创新风险[85]。

制度质量体现了政府效能、部门监管等多个制度维度的完善程度，保障了创新资源分配和政策执行监管，增强了环境政策对企业可再生能源技术创新的激励效应。Uzar（2020）的研究指出较好的制度质量有利于政府发挥效能，合理分配环境政策附带的创新资源，激励企业可再生能源技术创新。高质量的制度会针对政府的权力运行和政策的实施步骤制定细则，并通过法律的形式固定下来，减少无效的行政过程，有利于政府发挥各项职能，规范和引导可再生能源市场，鼓励企业技术创新。国家制度还通过法治和产权保障了政府对财力、物力、人力等资源的规范分配，充分发挥环境政策对可再生能源技术创新的利好作用。较好的制度质量保障了政府部门对环境政策的执行监管，提高环境政策对可再生能源技术创新的积极影响[86]。李杨（2019）认为制度质量越好，环境政策的执行过程会受到越完善的监管，这会促使政府关注环境政策目标的落实情况，积极获取企业技术创新绩效的反馈信息，提高环境政策执行效率。相比之下，制度质量较差的地区可能缺失专项监督部门，导致环境政策落实不力、反馈调控较差，政府无法及时识别政策执行的偏差，增加了资源错配的可能性，不利于可再生能源技术创新[87]。

碳税政策的影响与效果

碳税是一种直接对碳排放征税的政策措施，旨在通过经济手段激励企业和个人减少碳排放。碳税的原理是基于"污染者付费"和"内部化外部成本"的理念，通过对碳排放征收一定金额的税费，使排放者直接面对经济成本，从而促使其自愿减少排放，提高能源使用效率和推进技术创新。碳税的税率可以根据排放强度和行业差异进行差别化设置，以实现最大限度的减排效果。

碳税的征收方式主要有两种：基于碳排放强度的税收和基于能源消耗的税收。前者是根据单位产品或服务产生的碳排放量来确定税率，即单位排放税；而后者是以燃烧能源产生的二氧化碳排放量为依据，对燃料征收税收，即能源消费税。碳税的收入可以用于资助环保项目、支持低碳技术研发和补偿受碳税影响的弱势群体。

碳税和碳交易是国内外在控制碳排放时主要采取的经济政策。碳税和碳交易是两种不同的碳定价机制，各自具有一些优势和限制。首先，从实施角度来看，碳税是一种集中式政策，政府直接对碳排放征税，较容易实施。而碳排放交易是一种市场化机制，需要建立碳市场和相应的交易系统，实施难度较大。其次，从激励效果上看，碳税能够快速影响企业行为，更为迅速和直接地影响企业的减排行动。而碳排放交易则为企业提供了更大的灵活性和自主权，可以根据自身情况制定减排策略。碳排放交易的激励效果可能相对较慢，因为企业需要在市场上逐步形成适应碳价的行为。

此外，征收的碳税收入可以直接用于补贴环保项目和减排行为，有利于推动低碳技术的发展。而碳排放交易则可以为企业提供更多的经济激励，使得碳减排更加经济高效。碳排放交易的市场波动和作弊行为可能会影响其减排效果和市场稳定性，因此需要建立健全的监管机制。在实践中，许多国家和地区已经采取了碳税与碳排放交易两者相结合的方式，以充分发挥各自的优势，弥补缺陷。对中国而言，目前已经开始实施碳交易政策，并正在建立全国统一的碳排放权交易市场，但尚未引入碳税政策。碳税作为另一种重要的减排方式，在未来我国碳排放控制体系中依然有发挥作用的空间。目前看来，针对碳税的研究一方面是研究和评估碳税对宏观经济以及微观企业的影响；另一方面研究分析碳税收入的"双重红利"——既能控制污染又能提高居民生活和产出水平。除了这两方面，碳税政策对可再生能源的发展有何作用也值得探讨。

当前仅有少数学者使用可计算一般均衡（Computable General Equilibrium, CGE）模型研究征收碳税能否促进可再生能源发展这一问题。例如娄峰（2014）认为随着碳税的征收，低碳能源生产行业的产出会逐年增加[88]。张晓娣等（2015）基于OLG-CGE情景模拟，比较了碳税政策与可再生能源政策在未来30年对经济增长及居民福利的动态影响，发现可再生能源政策不利于短期经济增长，但可以提高未来资本和劳动力存量，而碳税政策拉动了短期GDP和收入，但挤压了长期储蓄和人均资本，认为单一碳税措施虽然提升了可再生能源的价格，但无法有效提升其在能源结构中的比重，同时指出应当使碳税政策和可再生能源政策合理衔接，将碳税与制定可再生能源发展目标相结合[89]。

赵文会等（2016）针对征收碳税对可再生能源在能源结构中占比的影响，建立了经济–能源–环境CGE模型，结果表明当碳税收入增加时，煤炭总产量明显降低，石油总产量也有所降低，可再生能源和火电的总产量均有明显增加，化石能源的总消耗有所降低，能源结构得到优化；可再生能源和清洁能源在能源结构中的占比均明显上升，可再生能源实现在能源结构中的明显渗透，认为实施碳税不仅能够有效提高可再生能源占比、促进能源结构优化，而且有利于加速可再生能源替代，完善能源消费模式[90]。肖谦等（2020）的研究发现，征收碳税将促进可再生能源发电技术的发展；在征收碳税的同时如果对特定可再生能源发电技术给予补贴，可能会对未受到补贴且不具备成本比较优势的可再生能源发电技术产生"挤出效应"[91]。

2.1.3　碳交易原理及国际碳市场

20世纪70年代后期，美国环保署在空气质量管理领域引入排放权交易制度即"酸雨计划"[92]，使排污权交易从理论研究变为现实，此后排污权交易制度广泛应用于污染物减排的实践中。

排污权交易是针对某一特定的污染控制区域，为实现特定的环境质量目标，计算出该区域的污染排放总量，并根据总量将排放配额合理分配到各污染源，政府允许各排污主体间进行配额交易活动，从而达到减排效果。为了刺激减排，配额总数一般小于企业总排污量，如果超额排放的处罚力度和交易价格高于减排成本就会刺激企业进行减排活动。

碳交易是排污权交易的典型，是市场化的减排机制。经济主体根据市场信号做出行为决策，实现资源的有效配置。同样，碳交易的前提是碳排放总量控制，排放源在总量控制的约束下产生对排放配额的需求和市场交易的动机，形成碳价格，吸引金融机构和投资者的参与，从而产生"排放有成本，减排有收益，投资有回报"的正向激励。

根据世界银行报告[93]，2022 年世界范围内正在运行的碳市场有 34 个，具有国际影响力的主要碳市场包括欧盟碳排放交易体系（European Union Emission Trading System，EU ETS）、英国碳市场、美国区域温室气体倡议（Regional Greenhouse Gas Initiative，RGGI）、中国国家和地方试点碳市场、韩国碳市场和新西兰碳市场。其中，欧盟碳排放交易体系是迄今为止最成熟、最完善的碳市场。欧盟碳排放交易体系覆盖电力、工业和航空等约 10 000 个设施，3 种气体排放占欧盟排放总量的 40% 左右。据研究[94]，2022 年欧盟碳市场成交量约 92 亿吨，同比下降 24%，碳配额价格全年均价约 81 欧元，同比上涨 51%。因此，虽然欧盟碳市场交易量显著下降，全年交易额仍高达 6 800 亿欧元，比上年增长 10%。英国"脱欧"后于 2021 年 5 月启动独立碳市场，由于英国碳市场没有欧盟累积碳配额过剩的问题，相比欧盟碳价英国碳市场碳配额价格一直保持 10 欧元以上的加价，2022 年全年均价约 91 欧元，碳配额价格全球最高。当前国际碳市场的主要特征是市场活跃度下降、交易量明显下滑，2022 年只有美国 RGGI 市场交易量上升，全球其他主要碳市场的活跃度较上年有所下降，交易量明显下滑。

欧盟碳市场及其对可再生能源发展的影响

欧盟碳排放交易体系是欧盟最重要的减排工具之一，其采用的"上限与交易"机制通过碳配额分配和交易，为可再生能源的发展提供了激励和支持。同时，欧盟通过制定可再生能源目标、法律法规和激励政策，加强对新能源的支持和引导。这些政策措施使得欧盟成为全球可再生能源发展的引领者之一。

EU ETS于2005年启动，初期涉及电力行业和能源密集型工业部门，并逐步扩大至其他行业，欧盟委员会负责制定EU ETS的法规，并与各成员国合作（具体见表2-2）。欧盟委员会还负责监督、核查和报告排放数据。截至目前，EU ETS是世界上最大的碳市场，涵盖欧盟各成员国及挪威、冰岛和列支敦士登，政策涉及能源生产、工业和航空等部门，并设定了污染排放配额（称为"碳排放许可证"）。

表2-2 EU ETS发展情况[95]

阶段	第一阶段 （2005—2007年）	第二阶段 （2008—2012年）	第三阶段 （2013—2020年）	第四阶段 （2021—2030年）
国家	欧盟27国	新增挪威、冰岛、列支敦士登	新增克罗地亚	英国退出
行业	电站及其他热输出功率大于或等于20MW的燃烧装置、炼油厂、焦炉、钢铁厂、水泥熟料、玻璃、铅、砖、陶瓷、纸浆、纸和纸板	新增航空业（2012年起）	新增铝，石化，航空（2014年起），氨硝酸、己二酸和乙醛酸的生产，碳的捕获、管道运输和地质存储	包括发电和热发电、能源密集型工业部门、商业航空等
温室气体	CO_2	包括 CO_2、N_2O（经批准后加入）	包括 CO_2、N_2O、PFCs（铝生产中的）	包括 CO_2、N_2O、PFCs
配额分配方式	免费发放，本阶段剩余配额不能转到下一阶段	引入拍卖机制，免费发放占总额度的90%	超过50%的配额采用拍卖机制，电力行业全部实行拍卖	免费发放与拍卖机制并行，拍卖份额占57%

EU ETS采用了基于排放配额的"上限与交易"机制，企业被分配一定数量的

碳排放配额,且可以在碳交易市场进行买卖。政府设定总的碳排放上限,并将排放配额分配给参与企业,EU ETS 鼓励企业在市场上通过买卖碳配额来满足其排放需求。在市场上买卖碳配额可以实现碳减排,同时促进可再生能源发展。EU ETS 的成功归因于其设立了违约惩罚机制,对未达到排放配额的企业进行相应罚款,从而激励企业减排。

欧盟在新能源行业也出台了相应的政策支持和措施。首先是可再生能源目标。欧盟设定了 2030 年可再生能源目标,要求欧盟成员国在最终能源消费中达到至少 32% 的可再生能源比例。这提供了强有力的政策支持和定向性措施,推动各成员国在新能源领域的发展。其次出台了相应法律法规。欧盟采取多项法律法规来推动可再生能源的发展,包括可再生能源指令,风能、太阳能和生物能源指令等。这些法规设定了目标和要求,鼓励成员国制定相应政策和措施来支持可再生能源的部署和利用。最后是辅助的激励政策。欧盟通过资金和激励机制支持可再生能源的发展,例如补贴计划、税收优惠和市场监管等。这些政策措施旨在提供经济支持和降低可再生能源的成本,增加其市场竞争力。

EU ETS 是一个基于配额的碳市场。根据欧盟委员会的官方统计数据,目前 EU ETS 覆盖了约 45% 的欧盟温室气体排放量。2015 年,包括现货和期货在内的欧盟碳配额累计交易达到了 66 亿吨,交易额达到了 49 亿欧元。每日的交易量平均达到了 2 600 万吨,贡献了全球约 80% 的碳市场交易额,使其成为全球最大的碳市场。除了配额交易,EU ETS 还发展出了现货远期、期货等多种金融衍生品,以及碳资产抵押、质押、托管和回购交易等融资工具。其交易规则、参与者门槛以及金融中介机构(如银行、证券和保险机构)的参与行为和真正的金融市场并无差别,具备了一个完备金融市场的所有要素,可谓是一个高度发达的碳金融市场。

与此同时,欧盟在可再生能源领域的发展水平也处于世界前列。根据欧盟统计局的数据,1990—2016 年,欧盟的可再生能源产出增长了 293%,年均增速达到了 4.2%,远高于同期全球平均水平。随着产量的增长,欧盟在可再生能源领域的技术水平也相应提高。可以看出,欧盟发达的碳金融市场与其在可再生能源领域的技术创新之间存在内在联系。碳金融市场通过经济激励推动了可再生能源的发展和应用，为技术创新提供了支持和资金。这种相互促进的关系有助于欧盟在可再生能源领域取得显著的进步。

为了深入探索欧盟碳排放交易体系机制与可再生能源发展之间的内在联系，齐绍洲等（2019）基于EU ETS20个参与国可再生能源专利的面板数据，构建了固定效应的负二项回归模型来进行实证检验，研究使用可再生能源领域的专利数来衡量技术创新。专利数据来自欧洲专利局世界专利统计数据库PATSTAT，选取每个国家年度可再生能源相关的新增专利数量作为技术创新指标。研究人员还抽取了风能、太阳能光伏和海洋能三种代表性可再生能源技术专利，以研究碳金融对不同技术创新的影响。另外，使用了碳金融指标来衡量碳金融市场的状况。由于样本国家碳市场交易额的准确数据难以获取，研究使用样本国家免费碳排放权配额与实际排放量之比来间接反映其碳金融状况。并控制了其他变量，如专利存量、政策变量、化石能源价格和公共研发投入等。专利存量考虑了新增专利数量和折旧率，政策变量来自经济合作与发展组织开发的环境政策指数，包括上网电价补贴、绿色电力证书交易和可再生能源研发补贴等。

结果显示：首先，整体而言，碳金融对可再生能源技术创新具有显著的推动作用，说明EU ETS在完成减排目标的同时，已经承担起金融市场的融资功能，为碳强度更低的国家提供资金支持作为其减排的经济补偿，并进一步引发可再生能源的技术创新；其次，碳金融对可再生能源技术创新的影响在不同行业之间具有明显的异质性，碳金融引发的可再生能源技术创新效应主要发生在一次能源消费行业；再次，碳金融对太阳能光伏发电领域的技术创新有显著的正向影响，但对风电和海洋能的技术创新影响不明显；最后，相对于所有专利而言，碳金融对高质量的可再生能源技术创新的推动作用更加明显。

美国碳市场及其对可再生能源发展的影响

美国碳市场政策具有多样性和区域差异，不同州实施了各自的碳市场政策。

区域性碳市场

东北部地区（RGGI）：该区域的10个州（康涅狄格州、缅因州、马里兰州、马萨诸塞州、新罕布什尔州、新泽西州、纽约州、罗得岛州、佛蒙特州和弗吉尼亚州）组成了一个区域性的碳市场，称为区域温室气体倡议（RGGI）。该市场是基于排放配额拍卖和交易的系统，通过对电力行业的碳排放进行管制并设置碳排放上限，以实现减排目标。

西部气候倡议（Western Climate Initiative，WCI）：该倡议由美国加利福尼亚州、俄勒冈州和华盛顿州以及加拿大的魁北克省和不列颠哥伦比亚省组成。WCI制定了碳排放减少目标，并通过"上限和交易"机制来管理和降低碳排放。

单一州碳市场

加利福尼亚州：加利福尼亚州是美国最大的碳市场，通过"上限与交易"机制实施碳市场政策。该制度设定碳排放上限，并将排放配额分配给参与的企业。企业可以交易这些碳配额以满足碳排放要求。

康涅狄格州：康涅狄格州是RGGI的一部分，实施了碳市场政策，采用类似于RGGI的模式。

区域性碳市场与单一州碳市场制度基本情况比较见表2-3。

表2-3　　　　　　区域性碳市场与单一州碳市场制度基本情况比较

项目	RGGI	加利福尼亚州碳排放权交易市场
启动时间	2009年	2012年
覆盖行业	电力	电力、工业、交通和建筑等行业
涵盖气体	CO_2	CO_2 及其他温室气体
碳排放权分配模式	拍卖	免费与拍卖混合，逐步加大拍卖比例，目前已达40%
履约期	3年	3年（第一个履约期较为特殊，只有2013年和2014年）

州际合作

东部联盟：美国东部的多个州在碳市场政策方面进行合作，例如康涅狄格州、缅因州、马里兰州、纽约州、罗得岛州等实施了类似的碳市场政策。

西海岸州际合作：位于美国西海岸的加利福尼亚州、俄勒冈州和华盛顿州在碳市场政策上展开合作，实施了 WCI 的碳市场机制。

这些不同州和区域的碳市场政策在政策设计、排放配额分配、交易机制和政策目标上存在差异。有些州更加强调碳排放的减少和可再生能源的发展，而其他州的政策重点可能略有不同。这种多样性和区域差异反映了美国在碳市场政策领域的地方自治权，并且考虑了每个州在碳减排和可再生能源发展方面的不同政策目标和考量。

美国碳市场政策对可再生能源发展产生了积极影响，其中包括提供经济激励、提供市场和政策支持。首先是经济激励，碳市场政策通过设定碳排放价格和交易机制，为可再生能源提供了经济激励。碳排放价格的增加鼓励企业转向低碳或无碳的可再生能源，以满足碳排放配额要求。其次是支持可再生能源市场，碳市场政策创造了一个为可再生能源项目提供资金的机会。企业通过减排行为所获得的溢价部分可以投资可再生能源项目和技术创新。最后是清洁能源政策协调，美国碳市场政策与其他清洁能源政策的协调有助于推动可再生能源的发展。例如，在 RGGI 中，碳市场补贴计划和可再生能源资金向可再生能源项目提供了资金支持。

美国在推动新型电力系统转型中存在进展和障碍。美国通过碳市场政策以及其他政策和措施，取得了一定的进展，推动了新型电力系统转型。通过市场上对低碳和无碳能源的经济激励，激励电力行业减少碳排放并转向清洁能源，可再生能源的发展得到推动，一些州成功减少了碳排放量，增加了可再生能源的装机容量。但是碳市场政策在美国仍面临一些挑战和障碍，其中包括政策不稳定性、政治争议以及能源利益相关方的反对。此外，碳市场设计和管理方面的技术和操作难题也需要解决。

综上所述，美国碳市场政策具有多样性和区域差异，不同州实施了各自的碳市场政策。这些政策对可再生能源发展具有积极影响，通过经济激励和资金支持，推动可再生能源的增长和技术创新。然而，美国在推动新型电力系统转型方面仍需要解决政策不稳定性、政治争议以及技术和操作难题等问题。

中国碳市场及其对可再生能源发展的影响

中国自2013年起开始了碳市场试点项目。目前，中国已经在8个省市（北京、上海、天津、重庆、广东、辽宁、湖北和福建）设立了碳市场试点。每个试点地区都制订了碳排放配额分配方案，根据各行业、企业的排放情况确定配额分配的原则和方法。试点地区建立碳交易市场，通过碳配额的买卖实现碳排放权交易。试点地区设立了碳市场及相关交易平台，建立了碳排放权交易机制。试点地区的选择考虑了不同的产业结构和经济发展水平，以确保碳市场政策能够适应不同环境下的实际情况。同时试点地区建立碳排放数据监测与报告系统，对企业的碳排放情况进行实时监测，并要求企业定期报告碳排放数据。

冯升波等（2021）选取了北京、广东、湖北三个试点地区进行对照分析，研究发现：

在政策设计方面，这些典型碳交易试点覆盖了电力、水泥、石化等行业，而北京和湖北还纳入了其他行业，以符合各地的特点和产业结构。在配额分配方面，主要采用基准线法进行分配，目的是提高整体效率，但也存在公平性问题。试点项目允许在规定时间和地域内使用项目产生的减排量来抵消履约企业的碳排放配额。风电和光伏发电项目是减排量的主要来源，这种抵消机制在早期推动了清洁能源行业的发展。然而，随着风电和光伏产业近年来的迅速增长，减排量已经超过市场需求。此外，各试点还积极探索碳配额质押贷款、碳基金等金融模式，为清洁能源产业的发展提供了广阔的空间，但前提是要与清洁能源产业建立紧密的联系。

经过多年的运营，目前各试点碳市场已逐渐进入稳定的发展阶段，市场价格逐渐明确。北京碳市场的价格基本稳定在40~80元之间，平均价格已超过64元；广东碳市场价格逐步下降，稳定在15元左右；湖北碳市场价格一直在20元左右，近期稳步上升，已超过30元。碳市场对电力行业的影响显而易见。根据2019年1—7

月的碳市场交易数据，将北京、广东和湖北的平均碳价格计入各地的火电发电成本中，结果显示，考虑碳价的影响后，北京、广东和湖北的燃煤发电成本分别上涨了18.3%、4.5%和7.9%，燃气发电成本分别上涨了6.2%、1.8%和2.7%。这将显著降低火电，尤其是煤电的竞争力。

综上所述，碳交易试点的政策设计各有特点，市场运营逐渐稳定，碳价对电价成本有明显影响。这些细节和数据表明碳市场建设在经济、能源和环境方面发挥着重要作用。

但是，试点碳市场建设过程中仍然存在一些问题，对可再生能源产业具有重要影响。碳价波动大，缺乏透明和公开性，导致可再生能源产业收益难以保证。各地区碳配额分配和交易价格差异大，公平性存在问题。缺乏统一完备的法规和配套制度，降低了可再生能源发电行业的参与积极性。碳配额交易和中国核证自愿减排量（China Certified Emission Reduction，CCER）交易的配合机制不明确，限制了可再生能源发电行业的参与。

此外，碳市场、电力市场和绿证市场之间存在差异和冲突。市场价格形成机制不同，覆盖范围有差别，执行要求不同。电力行业面临着绿证、碳市场和电力市场等方面的挑战，包括影响发电成本、发电行为和发电投资结构的变化。电网方面也面临着电源结构、电力供需格局和可再生能源快速发展对电网调度运行和交易组织提出的更高要求。

全国碳交易市场自2021年7月上线以来，年均覆盖二氧化碳排放量约51亿吨，截至2023年年底共纳入2 257家发电企业，累计成交量约4.4亿吨，成交额约249亿元。

碳市场对可再生能源发展的影响

通过以上分析，可以发现国际上碳市场的运行可通过以下机制影响可再生能源的发展。

首先是通过对能源市场的影响。欧盟碳市场政策的推行使得碳定价机制成为能源交易的一部分，碳价格的形成提升了可再生能源在能源市场中的竞争力。此举有助于减少对传统能源的依赖并推动可再生能源的市场份额增长。美国碳市场政策的实施鼓励投资者在能源市场中选择低碳和清洁能源，为可再生能源开发提供了更广阔的市场空间。此外，碳配额交易的形式也为可再生能源项目提供了更多的融资渠道，推动了可再生能源装机容量的增长。中国碳市场政策通过建立碳交易市场和碳配额分配机制，促使企业增加可再生能源装机容量以减少碳排放量，进一步提高可再生能源在能源市场中的市场份额及竞争力。

其次是通过对技术创新和进步的影响。欧盟碳市场政策的实施鼓励了可再生能源技术的创新和进步，特别是风能和太阳能等领域。政策激励措施为技术开发商和研究机构提供了投资和支持，提高了可再生能源技术的成熟度和效率。美国碳市场政策在技术创新和进步方面发挥了积极作用，特别是在储能技术、太阳能晶格和风力发电技术等领域。政策的支持为技术创新提供了资金和市场推动，进一步降低了可再生能源的成本并提高了其可靠性。中国碳市场政策的推行促进了可再生能源技术的研发和应用。政策引导下的技术创新和进步，使得风能、太阳能、生物质能和储能等可再生能源技术得到广泛应用，推动了可再生能源产业的发展。

最后是通过对政策支持和法规环境的影响。欧盟碳市场政策作为主要的政策工具之一，通过碳配额制度和市场机制，为可再生能源提供了激励措施和政策支持。此外，还设立了可再生能源目标，如欧洲绿色协议，鼓励成员国加大可再生能源开发和利用力度。

美国碳市场政策通过税收激励、能源补贴和可再生能源标准等措施，为可再生能源提供了政策支持。此外，一些州和城市也制定了可再生能源目标和法规，促进可再生能源的发展。

中国碳市场政策借助配额制度和交易市场，为可再生能源提供了政策支持和法规环境优势。政府的补贴政策、奖励机制和可再生能源目标等措施，推动了可再生能源的装机容量增长。

碳金融市场对可再生能源的发展产生了多方面的影响。碳金融市场可以通过碳价格的调控和激励，直接驱动可再生能源的发电规模和比例的增加。同时，碳金融市场也间接促进了可再生能源研发和创新,通过提高可再生能源的竞争力和改善投资环境,降低风险敞口,推动了对技术成熟的可再生能源的投资。此外,碳金融市场的配额拍卖收入也为可再生能源的研发和项目投资提供了资金支持,推动了其发展。碳金融市场还可以鼓励投资者、电力生产者和消费者选择更清洁的多元化电源,推动能源结构的转型。然而,由于市场失灵、设计缺陷和数据质量等问题,碳金融市场对可再生能源技术创新的激励并不十分明显,碳价格的不确定性也会对技术创新和经济社会发展产生影响。因此,未来需要进一步完善碳金融市场的制度设计,促进可再生能源技术创新的发展。

总而言之,国家量级的碳市场政策对可再生能源发展产生了积极的影响。它们在能源市场、技术创新和进步、政策支持和法规环境等方面产生了重要的推动作用,促进了低碳能源的转型和可再生能源的崛起。这些因素共同促进了可再生能源的发展和全球能源结构的转型。

第2节 世界各国碳达峰规律研究

2.2.1 国外碳达峰现状概述

气候变化对人类生存造成的威胁已经成了不容忽视的问题。2015年12月12日,第21届联合国气候变化大会通过了由多个缔约方共同签署的气候变化协定《巴黎协定》,《巴黎协定》的长期目标是将全球平均气温较工业化时期上升幅度控制在2℃以内,并努力将温度上升幅度限制在1.5℃以内。

面对气候变化带来的挑战,各国达成一致的政治共识并制定了气候变化方面的重大行动。欧盟带头宣布绝对减排目标,2020年9月16日,欧盟委员会主席冯德莱恩发表《盟情咨文》,聚焦气候变化问题,目标是多管齐下助推欧盟发展绿色转型。文中公布欧盟的减排目标:2030年,欧盟的温室气体排放量将比1990年至少减少55%,到2050年,欧洲将成为世界第一个实现碳中和的大陆。

美国、日本、韩国、中国做出了政策宣示，加拿大、法国、英国、德国等通过法律规定的形式对碳排放问题做出指示。其中，美国总统拜登在气候领域做出的承诺是"到 2035 年通过向可再生能源过渡实现无碳发电，到 2050 年让美国实现碳中和"；2008 年，英国的《气候变化法案》正式生效，成为第一个通过立法形式明确 2050 年实现零碳排放的发达国家。

目前已达峰的国家以发达国家为主，如美国、日本等。2020 年 3 月，欧盟委员会发布《欧洲气候法》，以立法的形式确保达成到 2050 年实现气候中性的欧洲愿景。2019 年 5 月 14 日，德国总理默克尔宣布"德国将努力在 21 世纪中期以前达成碳中和"。这个目标被写入其 2019 年 12 月生效的第一部主要气候法。2015 年 8 月，法国政府通过《绿色增长能源转型法》，构建法国国内绿色增长与能源转型的时间表，此外，法国政府还于 2015 年提出《国家低碳战略》，建立碳预算制度，从多个角度开展减碳工作。

目前仍未达峰，但是有望在未来几十年内完成碳达峰的多为发展中国家中的大国，如印度、南非、巴西等。印度在 2015 年巴黎大会上承诺，到 2030 年将碳排放量在 2005 年的基础上降低 33%~35%；2021 年 3 月 30 日南非政府公布了修订后的减排目标，南非政府计划 2025 年将温室气体排放量控制在 5.1 亿吨二氧化碳当量，2030 年控制在 3.98 亿~4.4 亿吨二氧化碳当量，较 2015 年设定的最初目标下降了 28%。

2.2.2 中国碳达峰现状概述

我国作为一个负责任的大国，积极推动构建人类命运共同体，先后向国际社会做出了 3 次减碳的政治承诺。

2009 年 9 月，我国首次向国际社会提出了相对减排目标：争取到 2020 年单位国内生产总值二氧化碳排放比 2005 年下降 40%~45%，非化石能源占一次能源消费比重达到 15% 左右，森林面积比 2005 年增加 4 000 万公顷，森林蓄积量比 2005 年增加 13 亿立方米，大力发展绿色经济，积极发展低碳经济和循环经济。

2014 年 11 月和 2015 年 9 月，习近平总书记与时任美国总统奥巴马两次发表中美元首气候变化声明。2015年11月，在联合国气候变化第21次缔约方大会（The 21st Session of the Conference of the Parties，COP21）上，中国提出2030年绝对减排行动目标：二氧化碳排放2030年左右达到峰值并争取尽早达峰；单位国内生产总值二氧化碳排放比2005年下降60%~65%，非化石能源占一次能源消费比重达到20%左右，森林蓄积量比2005年增加45亿立方米左右。

2020年9月，习近平总书记向国际社会提出了2030年前新的碳达峰目标，并提出了2060年前实现碳中和的愿景，这是我国首次提出碳中和目标。2020年12月，习近平总书记在气候雄心峰会上进一步细化了新的碳达峰目标，到2030年，中国单位国内生产总值二氧化碳排放将比2005年下降65%以上，非化石能源占一次能源消费比重将达到25%左右，森林蓄积量将比2005年增加60亿立方米，风电、太阳能发电总装机容量将达到12亿千瓦以上。

2021年10月，国务院印发《2030年前碳达峰行动方案》，针对目前我国具体国情以及碳排放实际情况，按照我国的政策导向制定了碳达峰十大行动，分别从能源低碳转型、节能降碳、工业转型、城乡建设、交通运输、发展循环经济、科技创新、增强碳汇能力、全民行动、地区梯次达峰十个方面制定具体发展措施，从多个源头控制碳排放，加快绿色转型，创新研发尖端技术，维护提升生态质量，激励全民行动，各地区因地制宜、上下联动、梯次达峰，有序推进我国碳达峰进程。

2.2.3　碳排放影响因素与碳达峰预测方法

典型的研究碳排放影响因素的模型包括EKC曲线、IPAT等式和STIRPAT模型。EKC曲线主要论证人均碳排放量和人均GDP是否存在拐点以及人均GDP是否反映人均碳排放量的趋势。关于拐点的讨论，一直存在着较为广泛的争议，目前的证据表明在亚太经济合作组织国家中存在明显的EKC曲线。然而在部分高收入国家和发展中国家并未出现拐点，在后续关于运用EKC曲线探讨碳排放与经济发展之间的关系时，发现两者之间的关系不仅仅只是简单的"U"形，甚至可能出现线性、"N"形。因此在后来的探讨研究中，慢慢加入了人口、城市化等因素。国内针对中国碳排放峰值预测的研究，学者们依托 EKC 曲线对中国未来的碳排放量进行预估。朱永彬等（2009）在内生经济增长模型 Moon-Sonn 基础上对传统的 EKC 理论进行改进，对中国未来经济增长路径进行了预测，同时得到了最优增长路径下的能源消费走势和中国未来能源消费所产生的总的碳排放走势[96]。

除了用 EKC 曲线探究经济发展与碳排放之间的关系，学者们基于 IPAT 等式的人口、财富和技术三方面的影响因素，加入了其他的社会经济影响因素，如城镇化率、人均 GDP、能源强度、产业结构等指标。人口增长是导致包括气候在内的环境问题的主要因素之一，人口增长以多种方式影响土地使用和资源使用，从而使环境污染加剧。城市化是一个比较复杂的指标，其对碳排放的影响主要是通过改变城市密度，改变人类行为的组织方式，从而影响家庭能源消费模式。能源强度往往作为一个技术指标列入影响碳排放的因素中，它表示生产一定水平的 GDP 的能源消费量，是衡量能源效率的指标。随着每单位 GDP 的能源消耗水平降低，相较过去产生同等 GDP 的情况下，如今碳排放量更少。而在中国，以煤炭为主的能源消费结构对碳排放有着巨大影响，因此研究中国的情况时，能源结构可以考虑运用煤炭消费在能源总消费所占比重来表示。

在 IPAT 等式的基础上，STIRPAT 模型提供了分析碳排放影响因素的方法。林伯强等（2009）发现我国 EKC 曲线的理论拐点对应的人均收入为 37 170 元，除了人均收入外，能源产业结构和能源消费结构都对二氧化碳排放有显著影响[97]。岳超等（2010）基于 Kaya 恒等式，在简要评价碳排放预测方法和模型的基础上，对我国 2050 年的碳排放量进行了预测[98]。王海静等（2021）利用递阶 LMDI 模型分解贵州省电力行业的碳排放影响因素并结合情景分析法和 STIRPAT 模型对贵州省碳排放峰值进行预测[99]。李小军等（2022）结合 STIRPAT 模型和情景分析法对甘肃省碳排放的达峰时间及峰值做出预测并结合省情对碳达峰工作提出了一些建议[100]。潘崇超等（2023）利用排放因子法对我国钢铁行业的碳排放进行核算，并利用两阶段 LMDI 方法和 STIRPAT 模型分析影响钢铁行业碳排放因素并预测未来的碳排放趋势，通过情景分析法预测了 2021—2030 年的碳排放[101]。

从区域间的二氧化碳达峰情况来看，中国东部、中部和西部省区的碳排放量和人均碳排放量都将继续增长，但是增长的程度和主要驱动力可能在不同区域之间存在很大差异，东部省区可能最早达峰，中部省区的达峰很可能和中国总体达峰保持协同，西部省区的达峰时间将会落后于中国整体的达峰进程。除此之外，不同省区的发展情况也各不相同，同一地区不同省区的达峰时间也存在差异。

2.2.4　已达峰国家的达峰规律

根据不同碳排放的主要影响指标，分析不同国家的二氧化碳排放达峰规律及路径，分地区借鉴已达峰国家的碳达峰规律，能够为我国各省区实现碳达峰目标提供参考。

已有的碳达峰国家名单存在多种标准。世界资源研究所（The World Resources Institute，WRI）在2017年11月发布的报告认为已达峰国家的数量为49个；IPCC与东方证券研究所提出截至2020年的碳达峰国家有53个，其中2010年之前达峰的有49个，而且预计截至2030年碳达峰国家数量将达到57个；根据UNFCCC的数据，包含土地利用、土地利用变化与林业（Land Use，Land Use Change and Forestry，LULUCF）的碳达峰国家有46个，若不包含LULUCF则碳达峰国家有44个；前瞻产业研究院对OECD数据的整理结果显示，截至2020年，完成碳达峰的国家有54个，其中1990年之前有18个，2000年之前共31个，2010年之前共50个。不同来源的碳达峰国家数量不尽相同。

根据世界银行的世界发展指标数据库，1990—2019年世界各国二氧化碳排放量的碳达峰国家与达峰时间见表2-4。在《联合国气候变化框架公约》（United Nations Framework Convention on Climate Change，UNFCCC）诞生之前，人们并未完全意识到碳排放对地球气候造成的影响，二氧化碳排放的达峰并不是人为干预实现的，因此我们将1990年及之前实现达峰的国家归入"自然达峰"；1990年之后，人们逐渐意识到碳排放造成的影响，并逐渐形成减碳降碳共识，开始人为干预碳排放，因此我们将1990年之后实现碳达峰的国家归入"人为达峰"。

表2-4 已达峰国家及达峰时间

达峰时间 （累计国家数）	已达峰国家（达峰年份）
1990年及以前（20）	朝鲜、拉脱维亚、摩尔多瓦、瑙鲁、爱沙尼亚、格鲁吉亚、克罗地亚、匈牙利、塞尔维亚、俄罗斯、罗马尼亚、斯洛伐克、乌克兰、古巴、捷克共和国、德国、白俄罗斯、保加利亚、阿尔巴尼亚、塔吉克斯坦
1990—1999年（34）	立陶宛（1991）、亚美尼亚（1991）、英国（1991）、阿塞拜疆（1992）、马耳他（1993）、津巴布韦（1992）、北马其顿（1996）、波兰（1996）、荷兰（1996）、瑞典（1996）、丹麦（1996）、法国（1998）、比利时（1998）、美国（1999）
2000—2009年（63）	葡萄牙（2002）、列支敦士登（2003）、芬兰（2003）、加蓬（2003）、卢森堡（2005）、意大利（2005）、安道尔公国（2005）、奥地利（2005）、瑞士（2005）、新西兰（2006）、爱尔兰（2006）、牙买加（2006）、西班牙（2007）、希腊（2007）、冰岛（2007）、黑山共和国（2008）、斯洛文尼亚（2008）、叙利亚（2008）、塞浦路斯（2008）、文莱达鲁萨兰国（2008）、圣卢西亚（2009）、格林纳达（2009）、圣基茨和尼维斯（2009）、安提瓜和巴布达（2009）、澳大利亚（2009）、巴哈马（2009）、伯利兹（2009）、巴巴多斯（2009）、多米尼克（2009）
2010—2019年（80）	利比亚（2010）、挪威（2010）、赤道几内亚（2011）、特立尼达和多巴哥（2011）、阿富汗（2011）、墨西哥（2012）、以色列（2012）、日本（2013）、也门共和国（2013）、吉布提（2013）、哈萨克斯坦（2013）、巴西（2014）、厄瓜多尔（2014）、刚果（金）（2014）、阿根廷（2015）、安哥拉（2015）、阿拉伯联合酋长国（2016）

在世界银行数据库碳达峰国家的基础上，我们使用扩展的 STIRPAT 模型进行碳排放因素的分析，该模型的基本表达式为[102]：

$$I = aP^b A^c T^d e \tag{2.1}$$

式中，I 表示环境压力、P 表示人口规模、A 表示富裕程度、T 表示技术水平，a 为模型的系数，b、c、d 分别为人口规模、富裕程度和技术水平的指数，e 为误差项。

进一步用人口总量表示人口规模，人均 GDP 表示富裕程度，能源强度表示技术水平，并且引入城镇化率、产业结构和能源结构作为二氧化碳排放的影响因素对 STIRPAT 模型进行扩展，表达式为：

$$I = aP^b A^c E^d U^f S^g F^h e \tag{2.2}$$

式中，I表示环境压力、P表示人口总量、A表示人均GDP、E表示能源强度、U表示城镇化率、S表示产业结构、F表示能源结构，a为模型的系数，b、c、d、f、g、h分别为这些变量的指数，e为误差项。对上式两侧取对数得到能够进行回归分析的形式：

$$\ln I = \ln a + b \ln P + c \ln A + d \ln E + f \ln U + g \ln S + h \ln F + \ln e \qquad (2.3)$$

剔除在1990年之前自然达峰的国家，以及缺失经济数据的国家，最终确定了26个国家作为回归分析的对象，其中达峰时间在1990—1999年的有6个，包括英国、津巴布韦、荷兰、瑞典、丹麦、法国；2000—2009年有12个，包括葡萄牙、芬兰、加蓬、意大利、奥地利、瑞士、新西兰、爱尔兰、牙买加、西班牙、希腊、澳大利亚；2010—2019年有8个，包括挪威、特立尼达和多巴哥、墨西哥、日本、哈萨克斯坦、巴西、厄瓜多尔、刚果（金）。回归结果见表2-5。

表2-5 不同达峰年份国家各影响因素回归系数均值

达峰时间	人口总量	人均GDP	能源强度	城镇人口比例	工业增加值占比	化石燃料能耗占比
1990—1999年	1.51	0.92	0.88	4.17	0.6	0.89
2000—2009年	2.02	0.94	0.79	7.16	0.18	1.37
2010—2019年	3.84	−0.16	1.07	−8.23	−1.61	1.63

以一组国家的回归系数均值代表某一时间段内已达峰国家的平均水平。表内数据含义为对应时间段内所有碳达峰国家，对应变量变化1%时，碳排放量变化的平均百分比，进一步粗略估计人口总量、人均GDP、能源强度、城镇人口比例、工业增加值占比、化石燃料能耗占比这6个因素对碳排放量的影响程度。

1990—1999年达峰的国家，6个影响因素都对碳排放有正影响。其中，总人口增加、城镇人口比例上升的正向影响程度最大，这表明在早期达峰国家中，人口的增加、人口结构的变化很可能导致了资源需求量的快速上升，为碳减排工作带来巨大压力。同时，人均GDP和工业增加值占比这两个经济指标也表现出对碳排放高度的正向影响，能源强度、化石燃料能耗占比也具有正向影响。这表明早期达峰国家经济发展对环境污染依赖程度较高，但通过革新技术、开发新能源，降低化石能源消耗占比，降低能源强度，可以促进碳达峰。

2000—2009 年达峰的国家，六个影响因素仍然对碳排放有正向影响。人口指标的正向影响较早期陡然增大，推测可能的原因之一是人们改造自然的能力增强、人口增多导致能源消耗速度上升进而导致碳排放剧烈上升。而人均 GDP、工业增加值占比的影响程度均变小，能源强度、化石燃料能耗占比影响程度较大，我们有理由推测中期达峰的国家依靠技术变革，降低能源强度，优化能源结构，逐步完成经济发展与碳排放脱钩的目标，进而完成碳达峰。

2010—2019 年达峰的国家，总人口仍促进碳排放增加，但城镇人口比例的增加为负向影响，结合人均 GDP、工业增加值占比的负影响来看，晚期达峰国家实现了经济发展与碳排放脱钩，这可以作为人口增加推动科学技术进步促进碳达峰的有力论据。同时，能源强度、化石燃料能耗占比的正影响加大，技术进步、优化能源结构的碳达峰贡献能力加强。人口增加既推动了技术进步也导致了资源消耗的增多，其破解之道就在于技术进步的及时性、结构改革的科学性。

将参与回归分析的国家按照"达峰时间段"和"发展程度"两个指标分类，结果见表 2-6。

表 2-6　　　　　　　　　　参与回归过程的国家分类

达峰时间	发展程度最高	发展程度较高	发展程度较低
1990—1999 年		英国、荷兰、瑞典、丹麦、法国	津巴布韦
2000—2009 年	瑞士	芬兰、意大利、奥地利、新西兰、爱尔兰、西班牙、澳大利亚	葡萄牙、加蓬、牙买加、希腊
2010—2019 年	挪威	日本	特立尼达和多巴哥、墨西哥、巴西、厄瓜多尔、哈萨克斯坦、刚果（金）

　　为了更加全面地剖析世界碳达峰国家减排路径，探索其规律，为我国减排目标的实现提供参考，我们依照表2-6的分类，对不同类别国家中五个影响因素对碳排放的影响方向进行分析，见表2-7。

表2-7　　　　　　　　　　　　　不同组别国家的碳排放影响因素方向

达峰时间	发展程度最高		发展程度较高		发展程度较低	
	正影响因素	负影响因素	正影响因素	负影响因素	正影响因素	负影响因素
1990—1999年			人口总量、人均GDP、能源强度、城镇人口比例、工业增加值占比、化石燃料能耗占比		人均GDP、能源强度、工业增加值占比、化石燃料能耗占比	
2000—2009年	能源强度、人均GDP		人口总量、人均GDP、能源强度、城镇人口比例、工业增加值占比、化石燃料能耗占比		人均GDP、能源强度、化石燃料能耗占比	
2010—2019年	城镇人口比例	人口总量、人均GDP、工业增加值占比	人均GDP、能源强度、化石燃料能耗占比		人口总量、人均GDP、能源强度、工业增加值占比、化石燃料能耗占比	城镇人口比例

　　在横向比较中，经济指标的影响与发展程度关系较为密切。发展程度最高的国家规避了其他两类国家尤为显著的工业增加值对碳排放的正影响，甚至将其转化为负影响因素。可以推测，随着经济的发展，经济结构变化，可以逐渐与碳排放脱钩，甚至向利好环境的方向转变。在纵向比较中，发展程度最高的国家在时间尺度上将经济指标的正向影响转化为负向影响，这印证了我们以上对经济结构逐渐变化会与碳排放脱钩的猜想。对发展程度较高的国家，虽然人口、人均GDP均为正影

响，但能源强度、化石燃料能耗占比也始终为正影响，这表明其国内技术进步、经济结构改革正在发生重要作用。而发展程度较低的国家经济指标均为正影响因素，但较落后的经济发展水平及生产技术不足以抑制其国家碳排放量，推测发展程度较低的国家更多依靠人口红利等优势完成碳达峰。

根据以上回归结果，总结已达峰国家碳达峰规律为：（1）人口指标对碳排放量作用效果矛盾，人口增加既推动了技术进步也导致了资源消耗的增多，其破解之道就在于技术进步的及时性、结构改革的科学性。（2）经济的发展与碳排放量紧密关联，初期的经济发展对资源消耗即碳排放量依赖程度较高，但通过经济结构改革，尤其是工业部门的技术革新、提高能源利用效率、优化能源结构，可以实现经济发展与碳排放脱钩，甚至向环境友好方向转变，成为碳减排工作的有利抓手。

2.2.5 我国各省（自治区、直辖市）碳排放规律

在各国碳达峰规律的基础上，我们使用同样的方法对我国各省（自治区、直辖市）的碳排放规律进行总结，并进行对比分析。根据碳排放量和发展程度这两个标准对我国各省（自治区、直辖市），使用k-means聚类进行分类（结果见表2-8和图2-2）。分别以2005—2019年各省（自治区、直辖市）的人均二氧化碳排放量和人均GDP（以2005年不变价衡量，单位：元/人）衡量碳排放量和发展程度，最终将我国各省（自治区、直辖市）分为"低排放，低发展""低排放，高发展""高排放，低发展""高排放，高发展"四类。

表2-8　　　　　　　我国各省（自治区、直辖市）分类结果

低排放，低发展	安徽、甘肃、广西、贵州、海南、河南、黑龙江、湖北、湖南、吉林、江西、青海、山东、陕西、四川、云南、重庆
低排放，高发展	北京、福建、广东、江苏、上海、浙江
高排放，低发展	河北、辽宁、内蒙古、宁夏、山西、新疆
高排放，高发展	天津

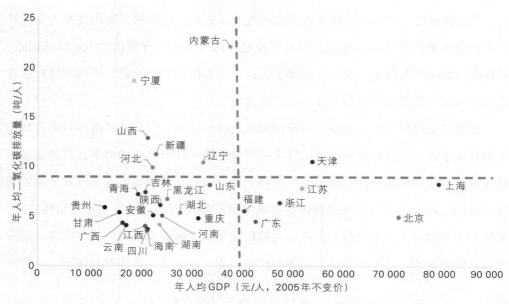

图2-2　我国各省（自治区、直辖市）分类结果

同样利用STIRPAT模型对我国各省（自治区、直辖市）进行二氧化碳排放因素的分析，考虑到数据缺失问题，本组选定的时间范围是2005—2019年，具体做法与已达峰国家的研究相同，最终得到我国各省（自治区、直辖市）的回归方程。除广西之外，各省（自治区、直辖市）的回归模型的R^2和调整后的R^2均大于0.8，且F检验的p值最大值为0.0009452，说明各省（自治区、直辖市）模型拟合程度好且基本通过了显著性水平为0.001的F检验。通过对我国各省（自治区、直辖市）的回归分析可知，我国各省（自治区、直辖市）的二氧化碳排放主要影响因素存在共性和差异。

"低排放，低发展"这一类省（自治区、直辖市）的回归结果中，常住人口数和电气化系数的回归系数基本上均不显著，说明该类省（自治区、直辖市）中人口增长和能源结构对碳排放的影响弱；人均GDP和单位GDP能耗的回归系数基本为正值，说明该类省（自治区、直辖市）中经济因素与能源强度均对碳排放有正向影响；第二产业增加值占GDP比重与常住人口城镇化率的回归系数正负参半，说明产业结构和城镇化率对碳排放的影响在该类省（自治区、直辖市）中存在差异。

"低排放，高发展"这一类省（自治区、直辖市）的回归结果中，第二产业增加值占 GDP 比重与常住人口城镇化率的回归系数基本上不显著，说明产业结构变化和城镇化水平对碳排放影响弱；常住人口数、人均 GDP、单位 GDP 能耗和电气化系数的回归系数基本为正值，说明该类省（自治区、直辖市）中人口、经济、能源强度、能源结构均对碳排放有正向影响。但是按照常规思路，对这些发电量小、用电量大、依赖其他省（自治区、直辖市）电力输送的省（自治区、直辖市）来说，电气化系数对碳排放应该具有负向影响，电气化系数越高代表能源结构越偏电，化石能源消费量占比应该更低，碳排放也应该更低，造成电气化系数对碳排放存在正向影响可能的原因是数据集较小或者数据源在核算过程中存在误差等。

"高排放，低发展"这一类省（自治区、直辖市）的回归结果中，常住人口数、第二产业增加值占 GDP 比重、常住人口城镇化率及电气化系数的回归系数基本上不显著，说明人口、产业结构、城镇化水平以及能源结构对该类省（自治区、直辖市）的碳排放影响较弱；人均 GDP 和单位 GDP 能耗的回归系数显著且均为正值，说明经济因素以及能源强度对该类省（自治区、直辖市）的碳排放具有较大的正向影响。

"高排放，高发展"只有天津市，其中常住人口数的回归系数不显著，人均 GDP、单位 GDP 能耗、常住人口城镇化率以及电气化系数的回归系数显著且为正，第二产业增加值占 GDP 比重的回归系数显著且为负，说明天津市的人口因素对碳排放影响弱，经济、能源强度、城镇化水平、能源结构都对碳排放具有正向影响，产业结构因素对碳排放具有负向影响。

总体来看，对不同排放水平和发展程度的省（自治区、直辖市）来说，经济因素和能源强度因素均对碳排放有显著的正向影响，表明我国目前碳排放与经济发展并未实现脱钩，随着经济增长，碳排放仍具有上升趋势，而且能源强度的提高也会促进碳排放。和已达峰国家的结果进行对比可以发现，我国各省（自治区、直辖市）目前的情况与已达峰国家的情况主要有两点不同：（1）我国大部分省（自治区、直辖市）的人口因素都不是碳排放的显著影响因素，仅有部分"低排放，高发展"的省（自治区、直辖市）的人口因素对碳排放起到正向作用。（2）我国各省

（自治区、直辖市）目前仍未实现经济发展与碳排放脱钩，经济因素仍然是目前我国大部分省（自治区、直辖市）碳排放的主要影响因素。

我国各省（自治区、直辖市）还未实现经济发展与碳排放脱钩，经济增长对碳排放量仍有显著的正向影响，同时能源强度对碳排放量也具有显著的正向影响。为了在保持经济增长的同时实现碳排放尽早达峰，我国各省（自治区、直辖市）应该主要从能源强度和能源结构角度入手，通过提高能源利用效率，鼓励使用清洁能源，大力开发新能源，通过降低能源强度和构建以新能源为主体的新型电力系统来降低能源强度以及实现能源结构低碳化，进而促进碳排放量早日达峰并开始下降。除此之外，各省（自治区、直辖市）应该根据实际情况制定碳达峰方案。部分省（自治区、直辖市）的碳排放主要影响因素包括产业结构，则可以通过产业结构调整实现降碳，比如降低高排放产业占比，大力发展低排放的高新技术产业、服务业等；部分地区的主要影响因素包括城镇化水平，则可以考虑动态调整全省（自治区、直辖市）发展规划，加速或减缓城镇化进程。

第3节　中国碳排放的区域尺度分解及其与经济增长的脱钩

由碳排放带来的气候变化问题已成为全球关注的热点。联合国减少灾害风险办公室2021年发布的报告指出：全球气温每上升1℃，每日极端降雨事件发生的概率可能增加7%。2000—2019年，气候变化引起的极端天气已造成50多万人死亡，3.91亿人受灾，经济损失达2.97万亿美元。

作为目前世界上最大的碳排放国，中国在应对气候变化方面发挥着举足轻重的作用。我国要低成本地有效实现"双碳"目标，首先就必须明确碳排放的主要驱动因素。众多学者已就中国碳排放的驱动因素及其与经济增长的关系展开了探究，但这些研究多集中于国家、省份和城市层面，区域层面的相关研究数量有限。鉴于此，本书基于现有的最新数据重点关注区域碳排放的驱动因素及其与经济增长的脱钩状态，旨在为我国制定更合理的区域减排政策、更好地实现"双碳"目标提供实证依据。

2.3.1 文献综述

目前，许多研究已经关注了中国范围内碳排放的驱动因素及其与经济增长的脱钩关系，根据所研究地区的规模可将现有研究分为四类：国家层面、省级层面（包括自治区、直辖市）、城市层面、区域层面（如图 2-3 所示）。

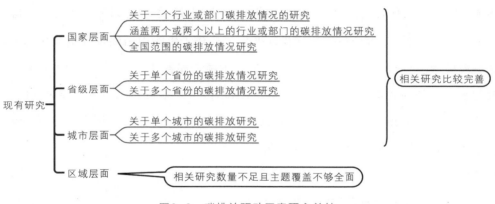

图2-3 碳排放驱动因素研究总结

国家层面

从国家层面来分析碳排放的驱动因素及其与经济增长的脱钩关系的研究，可以进一步分为以下三个子类别。

首先，关于一个行业或部门的碳排放情况研究。例如，牛玉平、齐亚伟（2023）利用 LMDI 模型对中国 2005—2019 年交通运输业碳排放的各项驱动因素进行分解并预测了不同情境下交通运输业的碳排放趋势。李金超、向思徽（2023）利用空间计量经济学方法对 2002—2019 年中国电力碳排放的驱动因素进行了分析。蔡景丽、顾佳艳等（2023）基于 LMDI 模型对中国 2000—2020 年的种植业碳排放的驱动因素展开了研究。Jian-Bai Huang 等（2019）利用 LMDI 模型探讨了中国黑色金属工业碳排放的影响因素。

其次，涵盖两个或两个以上的行业或部门的碳排放情况研究。例如，袁伟彦、方柳莉等（2022）引入 C-D 生产函数修正 LMDI 模型和 Tapio 脱钩模型分析了中国工业及其各行业的碳排放驱动因素与脱钩动态。Chi Zhang 等（2019）对影响中国工业的 41 个行业的碳排放驱动因素进行了分析。Guang Du 等（2018）基于 LMDI 模型识别了中国六大高耗能行业能源消费碳排放变化的驱动因素。

最后，全国范围的碳排放情况研究。例如，李静、方虹（2023）采用 IO-SDA 模型测算了基于消费和收益视角的中国碳排放量的驱动因素。Manzhi Liu 等（2023）结合结构分解分析方法和投入产出法构建了影响中国碳排放量变化的因素的分解模型。吕靖烨、李钰（2022）测度了中国全部省（自治区、直辖市）的碳排放与经济增长的脱钩指数，分析了各省（自治区、直辖市）脱钩效应及驱动因素。郑蕊、刁书琪（2022）将 MMI 引入 LMDI 模型和 PDA 分解分析框架内，对中国整个产业体系碳排放的驱动因素进行了分解。

省级层面

从省级层面来分析碳排放的驱动因素及其与经济增长的脱钩关系的研究，可以进一步分为以下两个子类别。

首先，关于单个省（自治区、直辖市）的碳排放情况研究。例如，李凯、蔺雪芹等（2023）采用 ArcGIS 空间分析、泰尔指数及空间计量模型等研究方法分析了河南省碳排放的时空演化特征及驱动因素。张浩、郁丹等（2023）采用 LMDI 模型，从经济活动和居民生活两方面分别考量，对浙江省 2000—2019 年碳排放变化量的驱动因素进行了分解。吕志超、刘雁等（2023）运用排放系数法对河北省 2005—2019 年能源消费碳排放进行核算，然后运用 LMDI 模型对能源消费碳排放量变化的驱动因素进行了分解和分析。

其次，关于多个省（自治区、直辖市）的碳排放情况研究。例如，花瑞祥、蓝艳等（2023）结合 Tapio 模型和冗余分析，分析了我国 30 个省（自治区、直辖市）碳排放与经济发展的脱钩关系及年度脱钩状态转移情况，研究第一、二、三产业活动碳排放的主要驱动因素。陈亮、张楠等（2023）基于 LMDI-Attribution 模型，以国家五年规划为时间划分，探究了京津冀地区 2000—2020 年能源强度、产业结构和排放因子对其碳排放强度变化驱动的时空演变特征，追溯量化了各驱动因素终端细分行业阶段性贡献情况。徐小雨、董会忠等（2023）采用考虑非期望产出的全局 SBM 模型测算东北三省 2010—2019 年的农业碳排放效率并用空间聚类分析和地理探测器探究了其空间分异特征及驱动因素。

城市层面

从城市层面来分析碳排放的驱动因素及其与经济增长的脱钩关系的研究，可以进一步分为以下两个子类别。

首先，关于单个城市的碳排放情况研究。唐志欣、肖鹏等（2022）运用 LMDI 模型对 2006—2019 年重庆能源消费碳排放进行因素分解，得到了各阶段经济规模、人口规模、能源结构和能源强度对碳排放的驱动效应。兰梓睿（2020）运用 Tapio 模型测算了天津能源消费碳排放与经济发展的脱钩关系。霍利婷（2018）利用上海市 1985—2015 年的数据，研究能源消费碳排放与经济发展的关系，并分析了不同发展阶段影响碳排放走向的因素。

其次，关于多个城市的碳排放情况研究。周姚姚、刘馨蕊等（2023）综合运用空间探索性分析、地理加权回归、熵值法等方法，探究了辽中南老工业基地城市群区县级碳排放时空分异特征及其驱动因素。罗顺元、方贵玉等（2023）运用因素分解模型，明确了珠三角城市群碳排放的驱动因素，进而运用灰色模型 GM（1，1）对珠三角城市群 2022—2030 年的碳排放量进行预测。张永凯、田雨（2023）以黄河流域 7 个城市群 62 个城市为研究对象，采用 Tapio 脱钩模型等，探析了碳排放与经济增长脱钩状态及其驱动因素。

区域层面

目前，从区域层面来分析中国碳排放的驱动因素及其与经济增长的脱钩关系的研究与以上三类相比数量十分有限，且现有研究多集中于分析影响中国区域碳排放的驱动因素，并未关注中国区域碳排放与经济增长之间的脱钩关系。例如，冯宗宪、高赢（2019）运用了拓展的 STIRPAT 模型对 1995—2016 年中国东部、东北、中部、西部四大地区碳排放驱动因素进行了实证探究。Lei Wen 等（2019）对 2001—2016 年中国东北、华东、西北、西南和中南地区的碳排放驱动因素进行了分析。

综上所述，已开展的关于中国碳排放的驱动因素及其与经济增长的关系的研究多集中于国家、省（自治区、直辖市）和城市层面，区域层面的相关研究数量有限且主题覆盖并不全面，不能为政策制定提供充分、全面的研究支撑。因此，关于中国区域尺度碳排放影响因素及其与经济增长之间的关系的研究对我国制定相关的区域政策，以更好地实现减排目标、推动绿色发展具有重要意义。

2.3.2 研究方法与数据

碳排放测算方法

联合国政府间气候变化专门委员会在《IPCC 温室气体排放清单指南（IPCC2006）》中提出了计算各种能源形式碳排放总量的计算方法，如下所示：

$$C = \sum_i^n C_i = \sum_i^n k_i \times E_i \qquad (2.4)$$

式中，C 代表碳排放总量，n 为能源品种总数，i 表示第 i 种能源，k_i 为第 i 种能源的碳排放系数，E_i 为第 i 种能源的消耗量。在《中国统计年鉴》中，通常包括 9 种能源，本书考虑了 7 种能源（原煤、焦炭、汽油、煤油、柴油、燃料油、天然气），不包括原油和电力，因为原油很少用于终端消费，主要在炼油过程中转化为汽油、煤油等其他形式，而电力属于二次能源，在终端消费阶段不产生碳排放。各能源品种的标准煤系数及碳排放系数见表 2-9。

表 2-9　　　　　　　　各能源品种的标准煤系数及碳排放系数

能源品种	原煤	焦炭	汽油	煤油	柴油	燃料油	天然气
标准煤系数（kgce/kg 或 kgce/m³）	0.7143	0.9714	1.4714	1.4714	1.4571	1.4286	1.330
碳排放系数（kgCO₂/kg 或 kgCO₂/m³）	1.9003	2.86-4	3.1705	2.9251	3.0179	3.0959	2.1622

Tapio脱钩模型

Tapio脱钩指数可以清楚地描述经济发展过程中能源消费的情况，因此本书选择使用Tapio脱钩模型来构建能源消费和经济发展的关系。Tapio脱钩指数计算公式如下：

$$\varepsilon = \frac{\%\Delta E}{\%\Delta G} \tag{2.5}$$

式中，ε为能源消费和经济发展的脱钩指数，$\%\Delta E$、$\%\Delta G$分别表示能源消费和经济发展的增长率。依据Tapio脱钩模型的划分结果，可以将脱钩效应划分为脱钩、连接和负脱钩3种状态，再结合不同脱钩指数的脱钩状态分类，具体见表2-10。

表2-10　　　　　　　　　　　脱钩模型的划分种类

类型	脱钩状态	$\%\Delta G$	$\%\Delta E$	脱钩指数
脱钩	强脱钩	$(0, +\infty)$	$(-\infty, 0)$	$(-\infty, 0)$
	弱脱钩	$(0, +\infty)$	$(0, +\infty)$	$[0, 0.8)$
连接	扩张连接	$(0, +\infty)$	$(0, +\infty)$	$[0.8, 1.2]$
	衰退连接	$(-\infty, 0)$	$(-\infty, 0)$	$[0.8, 1.2]$
	衰退脱钩	$(-\infty, 0)$	$(-\infty, 0)$	$(1.2, +\infty)$
负脱钩	扩张负脱钩	$(0, +\infty)$	$(0, +\infty)$	$(1.2, +\infty)$
	弱负脱钩	$(-\infty, 0)$	$(-\infty, 0)$	$[0, 0.8)$
	强负脱钩	$(-\infty, 0)$	$(0, +\infty)$	$(-\infty, 0)$

LMDI模型

分解分析是目前研究碳排放驱动因素最广泛使用的方法之一。目前，广泛使用的分解模型有两种，即结构分解分析（SDA）和指数分解分析（IDA）。SDA通过投入产出表来分解碳排放变化，对数据的要求比较高，且SDA不能进行乘法运算。与SDA相比，IDA方法既可以进行乘法运算，也可以进行加法运算，并且对数据的要求比较低，因此，本书采用了该方法。此外，Ang（2004）将IDA扩展为LMDI模型，并指出该方法更可取，此后，LMDI模型也得到了广泛应用。基于此，本书采用了LMDI模型。

本书采用扩展的Kaya恒等式，在模型中引入能源结构因素，对碳排放的驱动因素进行分析，具体公式如下所示：

$$C^t = \sum_k C_k^t = \sum_k \frac{C_k^t}{E_k^t} \frac{E_k^t}{E^t} \frac{E^t}{G^t} \frac{G^t}{P^t} P^t = \sum_k V_k^t S_k^t I^t N^t P^t \tag{2.6}$$

式中，C^t 表示地区 t 时期的碳排放量，C_k^t 表示第 k 种能源在 t 时期的碳排放量，E_k^t 为第 k 种能源在 t 时期的消耗，E^t 为 t 时期的能源消耗总量，G^t 为地区 t 时期的GDP总量，P^t 为地区 t 时期的人口总量。由上式可知，碳排放可以由碳排放系数（V_k^t）、能源结构（S_k^t）、能源强度（I^t）、经济增长/人均GDP（N^t）、人口规模（P^t）五个因素来解释。基于LMDI加性分解，碳排放变化的总效应可以被分解为：

$$\Delta C = C^t - C^0 = \Delta C_V + \Delta C_S + \Delta C_I + \Delta C_N + \Delta C_P \tag{2.7}$$

式中，ΔC_V、ΔC_S、ΔC_I、ΔC_N、ΔC_P 分别表示碳排放系数因素、能源结构因素、能源强度因素、经济增长因素、人口规模因素对碳排放增量的贡献，可进一步表示为：

$$\Delta C_V = \sum_k \frac{C_k^t - C_k^0}{\ln C_k^t - \ln C_k^0} \ln\left(\frac{V_k^t}{V_k^0}\right) \tag{2.8}$$

$$\Delta C_S = \sum_k \frac{C_k^t - C_k^0}{\ln C_k^t - \ln C_k^0} \ln\left(\frac{S_k^t}{S_k^0}\right) \tag{2.9}$$

$$\Delta C_I = \sum_k \frac{C_k^t - C_k^0}{\ln C_k^t - \ln C_k^0} \ln\left(\frac{I_k^t}{I_k^0}\right) \tag{2.10}$$

$$\Delta C_N = \sum_k \frac{C_k^t - C_k^0}{\ln C_k^t - \ln C_k^0} \ln\left(\frac{N_k^t}{N_k^0}\right) \tag{2.11}$$

$$\Delta C_P = \sum_k \frac{C_k^t - C_k^0}{\ln C_k^t - \ln C_k^0} \ln\left(\frac{P_k^t}{P_k^0}\right) \tag{2.12}$$

由于 V_k^t 是常数，故 $ln\left(\dfrac{V_k^t}{V_k^0}\right) = 0$。因此，下文中我们不再讨论碳排放系数因素对碳排放变化量的贡献。

数据来源与说明

本书选取的时间跨度为 2006—2020 年。根据地域差异，已有研究曾将中国分为 3 个区域、4 个区域、6 个区域或 7 个区域。理论上，更细致的地理划分会使区域之间的差异更为明显，为了解中国区域间的详细差异，本书采用了 7 个区域划分方式，即华北地区（NC）：北京、天津、河北、山西和内蒙古；东北地区（NE）：辽宁、吉林、黑龙江；华东地区（EC）：上海、江苏、浙江、安徽、福建、江西、山东和中国台湾；华中地区（CC）：河南、湖北、湖南；华南地区（SC）：广东、海南、广西、中国香港和澳门；西南地区（SW）：重庆、四川、贵州、云南、西藏；西北地区（NW）：陕西、甘肃、青海、宁夏和新疆。

GDP 和人口数据来源于各省（自治区、直辖市）统计年鉴。在 GDP 增量及其变化率的计算过程中，本书以 2006 年为基期进行了调整以消除价格因素的影响。不同类型的能源消费数据来源于《中国能源统计年鉴》。各类能源的标准煤系数来源于《中国能源统计年鉴》附表，碳排放系数来源于《省级温室气体清单编制指南（试行）》（发改办气候〔2011〕1041 号）。由于缺乏中国香港、澳门、台湾和西藏的相关数据，因此本书未将这四个地区纳入考虑范围。

2.3.3 结果与讨论

中国各区域的碳排放量

2006—2020 年中国碳排放总量及区域份额如图 2-4 和图 2-5 所示。从碳排放总量来看，2006—2020 年，除 2020 年可能受疫情影响而有所下降外，中国总体上呈上升趋势。此外，总体而言，2010 年之后增长速度放缓，这反映了政策因素对碳减排的贡献。中国在控制碳排放方面做出了巨大的努力：2009 年，哥本哈根世界气候大会之前，中国总理温家宝宣布，中国承诺到 2020 年将能源碳强度相对于

2005年的水平降低40%~45%；2015年，中国再次承诺争取在2030年左右实现碳达峰。为了实现承诺，近年来中央政府和地方政府都积极实施节能减排政策，推出了一系列法律法规和行动方案。

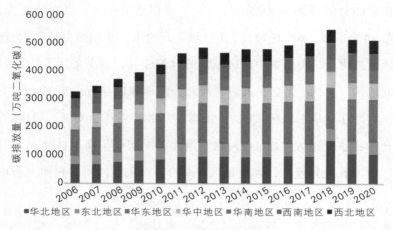

图2-4　中国不同地区碳排放量

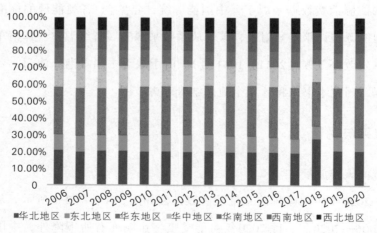

图2-5　中国不同地区碳排放量占比

从区域来看，华北和华东地区的碳排放量最大且呈逐年增加的趋势，这可能是因为华北地区包含了几个主要的能源产地（河北、山西、内蒙古等），而华东地区是经济总量最高的地区。截至2020年底，这两个地区的碳排放量占全国碳排放总量的近50%，其他5个地区中，西北地区碳排放增速最高，华南地区、东北地区、华中地区的碳排放量都较低。

中国各区域碳排放量与经济增长的脱钩关系分析

中国各区域2006—2020年碳排放量与经济增长的逐年脱钩状态见表2-11。总体而言，2006—2020年，尽管状态有所波动，但各区域的区域经济增长与其碳排放量之间都有比较明显的脱钩趋势。

表2-11　中国各区域2006—2020年碳排放量与经济增长的逐年脱钩状态

年份	华北地区	东北地区	华东地区	华中地区	华南地区	西南地区	西北地区
2006—2007	弱脱钩	弱脱钩	弱脱钩	扩张连接	弱脱钩	弱脱钩	弱脱钩
2007—2008	扩张连接	弱脱钩	弱脱钩	弱脱钩	弱脱钩	扩张连接	扩张连接
2008—2009	弱脱钩	弱脱钩	弱脱钩	弱脱钩	弱脱钩	弱脱钩	扩张连接
2009—2010	弱脱钩	扩张连接	扩张连接	弱脱钩	强脱钩	弱脱钩	弱脱钩
2010—2011	扩张连接	扩张负脱钩	扩张连接	扩张连接	弱脱钩	弱脱钩	扩张连接
2011—2012	弱脱钩	扩张连接	弱脱钩	弱脱钩	弱脱钩	弱脱钩	扩张连接
2012—2013	强脱钩	强脱钩	强脱钩	强脱钩	强脱钩	强脱钩	弱脱钩
2013—2014	强脱钩	弱脱钩	强脱钩	强脱钩	弱脱钩	弱脱钩	弱脱钩
2014—2015	弱脱钩	强脱钩	强脱钩	强脱钩	弱脱钩	强脱钩	强脱钩
2015—2016	弱脱钩	强脱钩	强脱钩	弱脱钩	扩张连接	弱脱钩	弱脱钩
2016—2017	强脱钩	强脱钩	强脱钩	强脱钩	强脱钩	弱脱钩	弱脱钩
2017—2018	扩张负脱钩	强脱钩	强脱钩	强脱钩	强脱钩	扩张连接	强脱钩
2018—2019	强脱钩	弱脱钩	强脱钩	弱脱钩	弱脱钩	弱脱钩	弱脱钩
2019—2020	弱脱钩	强脱钩	强脱钩	弱脱钩	弱脱钩	弱脱钩	弱脱钩

2006—2012年尤其是2010—2011年,大部分区域以扩张连接状态或弱脱钩状态为主,经济增长对能源消耗的依赖程度较高。2012年后,除个别区域的个别年份外,各区域的脱钩趋势有明显增强,2012—2013年,除西北地区外,其余六个区域均处于强脱钩状态,这表明中国的碳减排工作取得了巨大进展。值得注意的是,2013年后,大部分地区又由强脱钩状态转变为弱脱钩状态,强脱钩状态并没有持续稳定地维持下去,这说明在经济增长的同时,碳排放仍在继续增加,能源结构优化、能源强度下降等可能促进脱钩的因素,并没有完全抵消经济增长所产生的抑制作用。

中国各区域碳排放量的驱动因素分析

中国各区域2006—2020年碳排放量的驱动因素分解如图2-6所示。

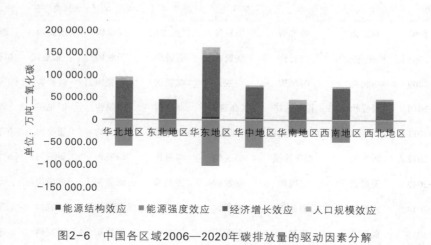

图2-6 中国各区域2006—2020年碳排放量的驱动因素分解

如图2-6所示,经济增长对碳排放量的增加起主导作用。如图2-7所示,在整个时期,各区域的人均GDP都呈增长态势,且华东地区、华北地区的人均GDP的增加显著高于其余区域,相应地,华东地区、华北地区经济增长所带来的碳排放量的增加显著高于其余区域。

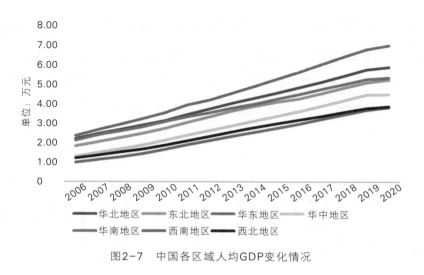

图2-7　中国各区域人均GDP变化情况

除经济增长效应外，能源强度效应对各区域碳排放量变化的影响最大。如图2-8所示，能源强度效应是各区域减少碳排放的主要驱动力，这是因为各区域的能源强度下降，技术能源效率显著提升。如图2-8所示，各区域的能源强度均呈明显的下降趋势，且华南地区、华东地区的能源强度显著低于其余区域，相应地，华东地区能源强度下降所带来的碳减排效应也最为显著。

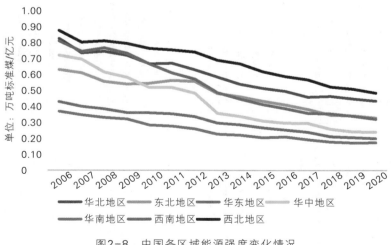

图2-8　中国各区域能源强度变化情况

各区域的能源结构效应、人口规模效应相较于经济增长和能源强度而言对碳排放量变化的贡献较小，主要原因是各区域的能源结构仍以煤炭消费为主。值得注意的是，东北地区是唯一一个人口规模效应为负的区域，这可能与东北地区近年来大量的人口外流有关。

中国各区域2006—2020年逐年碳排放量的驱动因素分解结果如图2-9所示。

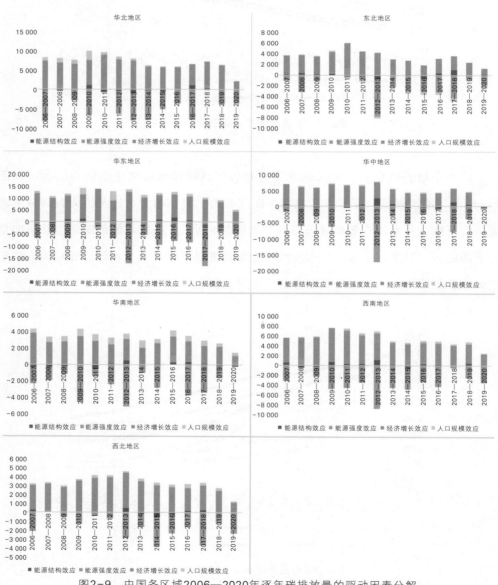

图2-9　中国各区域2006—2020年逐年碳排放量的驱动因素分解

第一，碳排放量变化的年度分析也证明，在大多数年份，经济增长和能源强度仍是七个区域碳排放变化的主要驱动因素，但各因素在不同年份的贡献可能存在差异。以东北地区人口规模效应为例，2006—2007 年、2007—2008 年、2008—2009年、2009—2010 年东北地区的人口规模效应均为正，即人口规模的变化促进了碳排放量的增加，而之后人口规模效应变为负，即人口规模的变化抑制了碳排放量的增加。

第二，经济增长在各区域各年份对碳排放量的增加都起到促进作用，而能源强度对碳排放量变化的影响方向并不固定，大部分情况下能源强度对碳排放量的增加起到抑制作用，但在少数情况下，能源强度的变化反而促进了碳排放量的增加，例如 2007—2008 年西北地区和西南地区的能源强度效应均为正，这说明在经济发展的过程中仍存在能源粗放利用、高耗能行业重复建设的现象。

第三，根据分解结果和碳排放增长路径分析，可以划分出 3 类区域。第一类为东北地区、华中地区：在 2013 年之前的大部分年份，经济增长对碳排放变化的贡献很大，占主导地位，因此碳排放量增加；2013 年之后，经济增长的贡献迅速下降，能源强度的贡献飙升，在这种情况下，碳排放的增量急剧减少，并在近几年变为负值。第二类为华北地区、华东地区和华南地区，在 2013 年前的大部分年份，经济增长对碳排放增加的贡献显著大于能源强度对碳排放减少的贡献，因此碳排放量明显上升；2013 年之后，经济增长和能源强度的贡献趋于平衡，导致碳排放的增长趋势放缓。第三类为西南地区和西北地区，这两个地区的经济增长效应要显著高于能源强度效应，因此，这两个区域的碳排放量均呈明显的上升趋势。

能源强度是大多数地区碳减排的唯一驱动因素，因此本部分单独对能源强度变化的影响因素进行了讨论。

首先，政策取向对能源强度的降低有显著影响。中国制定了一系列关于降低能源强度的政策目标，例如"十一五"期间，中央政府制定了到 2010 年比 2005 年能源强度降低 20% 的目标，随后提出了到 2020 年将单位国内生产总值二氧化碳排放量相对于 2005 年的水平降低 40%~45% 的目标。国家层面积极的政策导向使众多地区的能源强度持续下降。

其次，产业结构的变化对能源强度的降低也有显著作用。工业化初期，高耗能产业在整个工业部门中所占比例较高，这就意味着等量的经济产出需要更多的能源消耗，而到工业化后期，高耗能产业向外转移，第三产业蓬勃发展，导致单位产出能耗，即能源强度的降低。

最后，技术进步也促进了能源强度的降低。高耗能的传统制造业逐渐被技术含量更高、能耗更低的高新制造业所取代，这也导致了中国能源强度的降低。

2.3.4　结论与建议

通过对以上研究结果进行归纳和总结，我们可以得到如下结论：

首先，中国碳排放总量增速明显放缓，体现了政策因素对控制碳排放的贡献，且华北地区和华东地区的碳排放显著高于其他地区，这是因为华北地区包含了几个主要的高耗能生产省（自治区、直辖市），而华东地区是中国经济总量最高的地区。

其次，各地区的碳排放与其经济增长呈现出脱钩趋势，这说明中国经济在朝着低碳绿色的方向发展，但大部分地区当前仍处于弱脱钩状态，经济增长在一定程度上仍依赖于能源消耗和碳排放。

最后，LMDI分解结果表明：人均GDP和能源强度是各地区碳排放变化的主要驱动因素，但各因素在不同年份、不同地区的具体贡献有所不同。根据本书分析，7个地区可以根据碳排放的驱动因素变化情况与碳排放增长情况进一步分为3类：东北地区、华中地区；华北地区、华东地区、华南地区；西南地区、西北地区。

根据以上结论，为更好地实现"双碳"目标，本书提出如下建议：

首先，我国应鼓励实施更严格的碳减排政策。研究表明相关政策的实施确实有效控制了碳排放的增加并促进了碳排放和经济增长的脱钩，有利于中国经济社会的可持续发展。但目前，中国碳排放和经济增长仍处于弱脱钩状态，因此，对中国而言，采取更为严格有力的政策来控制碳排放是有必要的。

其次，政府应针对不同地区提出不同的区域政策。研究发现，7个地区的主要驱动因素及其对碳排放的贡献存在差异，且根据碳排放的驱动因素变化情况与碳排放增长情况可以进一步分为3类。因此，政府应该制定有针对性的区域政策以更好地实现低碳发展目标。

最后，为了进一步降低能源强度，政府应加快推动产业转型，增加科技投入，推动技术革新。

第4节　能源供给冲击下的全球绿色转型

当前，存在全球绿色转型的"三个替代"进程，即天然气替代煤炭发电、可再生能源替代煤炭发电与电动车替代燃油车的进程（如图2-10所示）。这一绿色转型受到多重外部因素的影响。

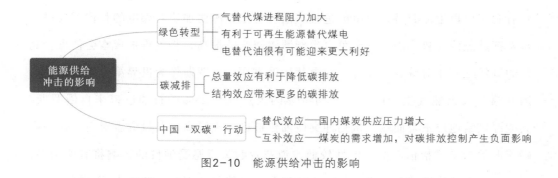

图2-10　能源供给冲击的影响

从全球绿色转型"三个替代"进程来看，首先，气替代煤进程阻力加大。天然气等能源供应短缺造成涨价潮，作为产业链条的上游必然直接导致中下游化工产品的涨价，同时，由于很多高耗能电厂的关闭，天然气等清洁能源发电量占总量的比重较低，难以满足市场的用电需求，导致电价上涨，电价攀升加剧停电风险，影响社会民生。天然气的批发价格持续上涨导致其供应成本有超过政府限价的可能，2022年以来，多个英国能源供应商先后宣布破产，天然气批发价格的上涨给企业生产经营带来严峻的考验,成本大幅提升,企业难以为继,最终只能转嫁到居民的消费成本中。天然气等能源的供需失衡扭曲了能源市场价格,能源是经济发展的基础,能源市场的失衡推高经济产业链各环节的成本,原材料涨价导致制造业涨价,物流运输业涨价,带动整体经济发展的成本居高不下,最终传导到消费端,商品价格上涨,消费者购买力下降,消费意愿被进一步打压,经济流通受阻,最终引发通胀,尤其是对受国际市场油气价格波动影响较大的欧洲国家而言。[103] 俄乌冲突使天然气价格进一步上升,中金研究所根据荷兰 TTF 天然气期货价格和欧洲三港(ARA)动力煤 FOB 价格估算了气电和煤电的度电成本,发现自 2022 年下半年来,气电和煤电度电成本的价格差屡次冲高。伴随着天然气低价优势的减弱,欧洲不少国家或将暂缓退煤进程。尽管中国的油气价格在一定程度上受政府调控,国际市场天然气价格的提高仍将给中国气替代煤进程带来压力。

同时,可再生能源发电成本持续下降,而俄乌冲突导致的煤制裁推高煤价,这将有利于可再生能源替代煤电的进程。但可再生能源要加快对煤电的替代需要进一步发挥其经济优势,因为随着可再生能源渗透率的提高,相关维护成本会使煤价高位的替代红利相对减少。此外,在电替代油方面,俄罗斯作为世界第三大石油生产国和第二大天然气生产国,欧盟约 40% 的天然气和 25% 的石油进口来自俄罗斯,其能源供给地位不言而喻。俄乌冲突使油价被进一步推高,且投资者对石油这一高碳能源的未来重拾信心的可能性较低,消费者购买意愿受油价的影响将有所增强,电动车很有可能持续获得高油价带来的红利,电替代油很有可能迎来更大利好。石油资源的"空间错位"和石油的重要性,使得产油区历来战争频发,政治稳定性较差。地缘政治因素导致中国石油进口承担着较大的风险,且部分产油区传统热点持续不退、石油贸易格局深度调整,需求的持续性与供给国的不确定性之间矛盾尚存。中国作为深度参与全球贸易的国家,对欧美市场的科技与工业品贸易有着广泛的合作需求,同时对俄罗斯的石油能源等贸易也有着深度的依赖。俄罗斯在 2022 年 5 月已向印度供应了超过 2 400 万桶石油,高于 4 月的 720 万桶和 3 月的 300 万桶。6 月,俄罗斯向印度供应约 2 800 万桶石油。印度在俄乌冲突之际加深了与俄的能源贸易，引来西方国家的众多诟病。所以，能源贸易与科技、工业品贸易之间的权衡是如今切切实实摆在中国石油进口贸易面前的一大难题[104]。

关于俄乌冲突对碳排放的影响，一方面，俄乌冲突使化石能源成本升高使绿色溢价降低，抑制经济主体使用化石能源（总量效应），有利于绿色转型以及降低碳排放；另一方面，能源价格上升迫使经济主体更多使用便宜的煤炭（结构效应），会带来更多的碳排放。所以地缘冲突对全球碳排放的影响主要取决于总量和结构效应的相对大小。俄乌冲突后，欧盟的一系列措施能够为中国提供借鉴。欧盟在俄乌冲突发生后的次月就紧急发布了《欧盟可再生能源（REPowerEU）：欧盟实现经济、安全和可持续能源供应的联合行动》，这份文件又称为欧盟的"能源独立计划"或者"能源脱俄计划"。欧盟计划通过节能降耗、能源供应多元化、加速可再生能源发展三项措施，在 2030 年前摆脱对俄罗斯的能源进口依赖。届时，欧盟可再生能源的总体目标将从 40% 提高到 45%；实施专门的欧盟太阳能战略，到 2025 年将太阳能光伏发电能力翻一番，到 2030 年太阳能装机达到 6 亿千瓦；可再生能源制氢 1 000 万吨，进口 1 000 万吨，以取代难以减碳的工业、运输部门所使用的天然气、煤炭和石油。欧盟能源政策的目标、行动方式正在发生一些微妙的变化，变得更加务实。比如，欧盟已经将天然气和核能项目的投融资正式列为"可持续融资类别"中的"过渡"类。关于天然气和核能项目是否属于"过渡"类的经济活动，之前欧洲各国争论比较多，俄乌冲突和疫情使欧盟最终下定决心走出关键的一步，这标志着欧盟能源转型进程从理想化逐渐走向务实[105]。

同时，俄乌冲突加大了我国"双碳"行动的难度。供给方面，欧洲煤替代气的替代效应增大国内煤炭供应压力。煤炭是天然气的主要替代能源，在天然气供给冲击下，其需求量持续推高，国际市场煤炭价格随之上涨。而由于我国煤价受政策控制，国内外煤价长期倒挂，进口成本上升，进口需求被抑制，且消费弹性较小，国内煤炭供应压力进一步增大。需求方面，中欧高耗能产品互补效应增加国内煤炭需求。欧洲能源密集型产业被迫削减产量，部分工业品供需缺口拉大，国际市场价格升高。而在国内以煤为主的资源禀赋及电煤价格管控措施下，部分高耗电产业，如铝、氯碱工业等竞争优势更加凸显。由于高耗能产品出口数量与价格有跟随特征，即在无明显产业限制政策或疫情等供应端扰动的情况下，价格越高，出口数量越高，国内能源成本的优势很有可能显著增加高耗能产品的出口量。对煤炭的需求增加将对碳排放控制产生负面影响。

第3章 能源要素偏向性技术进步及影响因素研究

第1节 可再生能源发展的影响因素

作为推动社会经济发展和减缓能源消费碳排放的重要基础，新能源技术创新在携手应对气候变化、逐步实现"双碳"目标的进程中必不可少。在目前的技术条件和市场环境下，新能源利用成本仍普遍高于传统化石能源，绿色溢价较高，赋予了能源转型沉重的压力。而降低绿色溢价、促进能源转型的主要突破点在于新能源技术的创新。大多数学者认为，能源结构转型的过程中往往伴随着重大技术创新，而我国掌握的核心技术仍然有限，新能源企业技术创新效率普遍偏低。因此，深入探究新能源技术创新的影响因素十分重要，能够为促进新能源技术创新提供理论基础。已有研究表明新能源技术创新的影响因素十分广泛，在微观企业层面与宏观区域层面学者均进行不同深度的相关研究，包括技术特性、经济因素、环境因素、政策因素、文化因素等。其中，社会经济影响因素涵盖了大多数外部影响，也是无法避开的研究重点。社会经济影响因素多集中在宏观区域层面，我们对已有文献进行了整理，将影响因素主要分为四类：基础条件、创新投入、政策法规、社会文化。

3.1.1 基础条件

基础条件指经济发展基础、市场状况、工业化水平、城市基础设施、资源禀赋等影响新能源技术创新的基本状况。多项研究表明经济发展、市场化及工业化水平提高、城市基础设施完善能够在一定程度上促进新能源技术创新，资源禀赋是新能源创新的重要制约条件及发展基础。

谢聪、王强（2021）的研究发现经济发展基础、教育水平、工业化水平、用电需求、人力资本、科技投入、资源禀赋、环境规制等因素不同程度影响着全国层面和四大地区层面城市的新能源产业技术创新能力的形成[106]。李拓晨（2022）的研究结果认为，高经济发展水平区间、高能源政策规划区间以及高市场化水平区间为激发新能源技术创新、有效提高区域全要素生态效率的最优区间[107]。苏屹（2022）的研究结果表明，西部新能源企业技术创新效率更高，东部地区技术溢出效应更显著[108]。

3.1.2　创新投入

创新投入指研究、开发、示范、推广过程全生命周期的费用、人力、设备等投入，包括研发费用投入，创业投资，设备与技术引入，科研人员数量、能力和素质等。

李爽（2016）的实证结果表明，企业研发强度对技术创新效率存在显著的正向影响[109]。王群伟等（2013）的研究结果显示影响力较大的因素有研发费用投入、研发人员投入、产学研合作水平[110]。贾全星（2012）的研究结果表明，企业超额获利能力、员工素质对技术效率有显著的正向影响，而由于我国新能源企业高素质的技术人员比重过小，因此整体研发创新能力不足，其对技术效率的提高难以产生明显的作用[111]。胡振兴等（2018）研究了创业投资对新能源企业技术创新效率的撬动效应，结果表明创业投资撬动了公司创新活动率[112]。张瑞、闫妍（2021）测算新能源上市公司技术创新效率值，结果表明股权集中度与新能源技术创新效率具有显著倒U形关系；股权制衡度、股权激励与技术创新效率正相关[113]。Ge Zhao 等（2021）研究发现中国可再生能源技术创新区域不平等，而知识存量、研发支出、绿色固定产业投资、电力消耗和地方官员的能源相关经验是造成不平等的重要原因[114]。

3.1.3 政策法规

政策法规可以通过环境规制、政府补贴、税收优惠、政策引导等方式影响新能源技术创新。

王汉新（2014）认为公共政策对新能源技术创新起着重要的作用。政策导向可以积极促进企业进行技术研发，另外，部分技术研发具有溢出效应，需要政府调节研发活动的市场失灵等，这些都需要公共政策予以解决[115]。李爽（2016）得到的实证结果表明政府支持度对新能源企业技术创新效率存在负向影响，可能是因为政府补贴会对企业自身投入产生"挤出效应"[109]。何琳等（2021）认为新能源汽车消费补贴可以利用资金传导传递市场预期的积极信息，激励企业技术研发行为。当产业稳定后，政府依然可以通过传递政策支持信号，激励企业持续进行技术创新[116]。夏媛、姜娟（2021）的研究结果表明，我国财政补贴能促进新能源汽车企业加强研发投入强度，但补贴政策的实际效果会受企业特征因素影响产生"挤出效应"，在研发投入方面的效果未达到预期[117]。李朋林、王婷婷（2021）以我国新能源汽车产业上市公司为研究样本发现，政府补贴强度与技术创新效率之间存在显著的双重门槛效应，只有当政府补贴处于合适区间时才会对技术创新效率产生促进作用[118]。Ge Zhao 等（2021）的研究结果表明地方政府干预因素，如可再生能源政策和研发支出，是技术创新的重要驱动力；地方绿色固定产业投资具有负面影响；增加可再生能源的地方政策数量和增加地方研发投资可以缓冲上网电价对创新绩效的影响[114]。熊勇清等（2020）认为"扶持性"政策存在较强的技术创新激励偏向，对渐进式创新的激励更灵敏；"门槛性"政策对突破式、渐进式创新激励的灵敏性和显著性差异较小且"门槛性"政策激励效果的显著性高于"扶持性"政策[119]。苏竣、张汉威（2012）从新能源技术创新的规律出发，基于技术生命周期和技术创新过程的视角，认为政府可以出台针对性政策在新能源技术创新推广阶段帮助企业跨越"死亡之谷"和"达尔文之海"[120]。

政策的不确定性对新能源技术创新也有一定影响。Huwei Wen 等（2022）的研究结果表明，财政政策的不确定性显著降低了新能源企业的创新投资，因为银行信贷约束导致政府支持创新投资的激励效应下降[121]。T.J.Foxon，R.Gross 等（2005）对英国新能源和可再生能源技术行业创新体系的研究结果表明，成功的创新需要不同角色的不同参与者共同努力实现共同目标，强调政策激励的重要性，为早期技术创造利基市场、提高项目开发商和投资者的风险回报率等支持措施将有助于更有效地推动技术走向自我维持的商业化[122]。政策制定者需要了解创新系统的复杂性以及这些系统提供的功能范围，以改进创新所需的政策工具组合的设计。

3.1.4　社会文化

社会文化的影响往往是潜在而又深远的，包括信息公开、公众意识、需求推动、创新能力培养、环境教育、合作共赢、模范作用等。

Alexandra Mallett（2018）提出除传统因素外，政治、文化、社会、环境等新型影响因素也十分重要。他认为在新技术的接受度上人们可能有超越金钱的激励，例如对经济和社会发展、自主性、所有权、恢复力和身份认同的渴望，强调应充分考虑政治、文化、社会、环境问题的潜在作用[123]。范爱军、刘云英（2006）在区分企业规模的情况下分别测算了技术创新各种影响因素的作用，其中大中型企业间的竞争效应抑制了双方创新水平的提高，而相互间的示范模仿效应促进了双方创新水平的提升[124]。Guangqin Li 等（2022）考察了环境信息披露对绿色技术创新的影响，结果显示环境信息披露对绿色技术创新影响显著，且绿色创新环境、排污收费和产业结构具有中介效应[125]。

有学者研究发现金融行业、价格水平、其他相关技术的发展等也会影响新能源技术创新。Shaopeng Cao，Liang Nie 等（2021）的实证研究表明数字金融对节能减排有积极影响，绿色技术创新在这一过程中起着重要的中介作用[126]。Jiaxin He，Jingyi Li 等（2022）研究了油价对新能源汽车技术创新的影响，结果表明油价会刺激新能源汽车企业的创新，当油价上涨时，增加研发支出是企业增加创新的一个渠道[127]。Simon R. Sinsela 等（2020）发现上网电价具有直接和间接影响。随着部署政策推动这一进程，互补技术的提供商将这些变化解读为证明其业务有希望的信号[128]。

第 2 节　能源要素偏向性技术进步及影响因素研究

3.2.1　偏向技术进步与研究目标

技术进步是影响非化石能源消费的一个关键因素，也是能源转型不可缺少的一个重要驱动力量。在产出不变的情况下，投入的生产要素（如资本、劳动、能源等）减少，该要素的边际生产率提高，就说明发生了技术进步，实现了对资源的节约。现有的研究更多关注的是希克斯中性技术进步，中性技术进步主要通过同比例改变生产要素的使用量来实现节能减碳，但这样做忽视了技术进步在不同生产要素之间的偏向性。现实中，当发生技术进步时，很少会同时等比例地减少对各生产要素的使用，更多的是会在不同的要素之间存在偏向性，不同比例地改变生产要素的使用量，即偏向技术进步。一方面，企业为了追求利益最大化去发展可以节约相对昂贵、稀缺的生产要素的技术；另一方面，技术进步会偏向于使用更为丰裕的生产要素，最终技术进步的偏向取决于这两种效应作用效果的大小。技术进步的偏向性会对非化石能源的消费产生影响，例如，当偏向技术进步在化石能源与非化石能源之间偏向于使用更多非化石能源，且非化石能源能够有效替代化石能源时，技术进步的结果有利于减少化石能源的消费，促进能源转型和"双碳"目标的实现。

改革开放以来，由于政府干预、要素市场扭曲、外商直接投资等因素影响，我国技术进步呈现出偏向资本的特点[129, 130]，在能源环境方面，高投入、高能耗的技术偏向也加剧了高排放造成的环境生态问题。因此，研究全球非化石能源发展较为先进的国家以及部分煤炭消费大国的技术进步在各投入要素特别是化石能源和非化石能源之间的偏向性，并分析技术进步在化石能源和非化石能源之间产生偏向性的影响因素，有利于厘清技术进步发生偏向的原因，为中国未来政策方向提供指导，推动技术进步偏向使用更为清洁的非化石能源，并助力实现"双碳"目标。

3.2.2 研究方法与模型设定

本书构建了一个偏向技术进步理论分析框架，采用随机前沿生产函数测算全球31个国家1991—2019年的技术进步指数、技术进步偏向指数以及各投入要素之间的替代弹性，判断研究期间所研究国家技术进步的偏向性，并在此基础上进一步构建面板模型实证检验政策干预、化石能源价格、环境压力、外商直接投资等因素对技术进步在化石能源和非化石能源之间偏向性的影响，进而讨论其作用机制。

（1）技术进步要素偏向性的识别与估算

采用随机前沿生产函数测算技术进步，其形式灵活，允许可变的替代弹性，能够反映现实生产中要素间的替代关系和交互作用，同时还考虑了随机因素的影响，并且可以对技术无效率项进行设定，适合计算偏向型技术进步，模型的一般形式如下：

$$y_{it} = \alpha_i + \beta x_{it} + v_{it} - u_{it} \tag{3.1}$$

式中，i、t分别表示国家和年份，y表示产出，α表示个体固定效应，x表示投入要素向量集，β表示投入要素待估系数的向量集；v是随机误差项，表示统计误差和各种随机因素对前沿产出的影响；μ是技术无效率项，表示实际产出与技术前沿产出的差距。投入要素中除了包括资本K和劳动L外，为了便于分析技术进步在化石能源和非化石能源间的偏向性，将能源分为化石能源F和非化石能源R，分别作为独立的生产要素放入生产函数中。

将（3.1）式展开[131]可得：

$$\begin{aligned}
lnY_{it} = &\alpha_i + \beta_{1t} + \frac{1}{2}\beta_{2t}^2 + \beta_3 lnK_{it} + \beta_4 lnL + \beta_5 lnF_{it} + \beta_6 lnR_{it} + \beta_{7t} lnK_{it} + \beta_{8t} lnL_{it} + \\
&\beta_{9t} lnF_{it} + \beta_{10t} lnR_{it} + \frac{1}{2}\beta_{11} lnK_{it} lnL_{it} + \frac{1}{2}\beta_{12} lnK_{it} lnF_{it} + \frac{1}{2}\beta_{13} lnK_{it} lnR_{it} + \\
&\frac{1}{2}\beta_{14} lnL_{it} lnF_{it} + \frac{1}{2}\beta_{15} lnL_{it} lnR_{it} + \frac{1}{2}\beta_{16} lnF_{it} lnR_{it} + \frac{1}{2}\beta_{17}(lnK_{it})^2 + \frac{1}{2}\beta_{18}(lnL_{it})^2 + \\
&\frac{1}{2}\beta_{19}(lnF_{it})^2 + \frac{1}{2}\beta_{20}(lnR_{it})^2 + v_{it} - u_{it}
\end{aligned} \tag{3.2}$$

式中，lnY_{it}、lnK_{it}、lnL_{it}、lnF_{it}、lnR_{it} 分别表示 i 国 t 时期的实际产出、资本投入、劳动投入、化石能源投入和非化石能源投入的对数形式，v_{it} 表示随机误差项，u_{it} 表示生产无效率项。

根据 Shao et al.（2016）对技术进步（Technological Progress）的定义[132]，即在控制其他因素的情况下，前沿技术随时间的变化率，可将技术进步表示为：

$$TPit = \frac{\partial lnY}{\partial t} = \beta_1 + \beta_{2t} + \beta_7 lnK + \beta_8 lnL + \beta_9 lnF + \beta_{10} lnR \tag{3.3}$$

式中，$\beta_1 + \beta_{2t}$ 代表纯技术效率变化，用于衡量技术溢出和技术扩散效应所引起的前沿技术的变化；$\beta_7 lnK + \beta_8 lnL + \beta_9 lnF + \beta_{10} lnR$ 代表偏向技术变化，用于衡量各要素生产技术对前沿技术变化的影响，可以理解为通过"干中学"效应获得的技术进步。

为了进一步揭示生产过程中技术变化在不同要素中的偏倚程度，并判断各国技术变化是否更加清洁，参考 Diamond（1965）提出的技术变化偏倚指数来估算技术进步在各生产要素之间的相对偏倚程度[133]，该方法的一般形式为：

$$Bias_{mn} = \frac{\left(\frac{\partial MPm}{\partial t}\right)}{MP_m} - \frac{\left(\frac{\partial MPn}{\partial t}\right)}{MP_n} \tag{3.4}$$

式中，m、n 是两种不同的生产要素，MPm、MPn 分别是 m 和 n 的边际生产率，$Bias_{mn}$ 表示技术变化引起要素 m 和 n 之间边际产出增长率的差异。如果 $Bias_{mn}>0$，表示技术变化引起的 m 的边际产出增长率大于 n，即在一次生产中技术进步偏向于使用更多的 m，表明技术变化偏向于要素 m；如果 $Bias_{mn}<0$，表示技术变化引起的 m 的边际产出增长率小于 n，即在一次生产中技术进步偏向于使用更多的 n，表明技术变化偏向于要素 n；如果 $Bias_{mn}=0$，表示技术变化是希克斯中性的，技术变化会同比例地增加或减少对 m 和 n 的使用量。

相应地，以生产要素 F 和 R 为例，技术进步在化石能源和非化石能源之间的偏倚程度就可以表示为：

$$Bias_{FR} = \frac{\frac{\partial MPF}{\partial t}}{MPF} - \frac{\frac{\partial MPR}{\partial t}}{MPR} = \frac{\beta_9}{\varepsilon_F} - \frac{\beta_{10}}{\varepsilon_R} \tag{3.5}$$

式中，ε_F 和 ε_R 分别是化石能源和非化石能源的产出弹性，根据（3.2）式可分别表示为：

$$\varepsilon_F = \beta_5 + \beta_{9t} + \frac{1}{2}\beta_{12}lnK + \frac{1}{2}\beta_{14}lnL + \frac{1}{2}\beta_{16}lnR + \beta_{19}lnF \tag{3.6}$$

$$\varepsilon_R = \beta_6 + \beta_{10t} + \frac{1}{2}\beta_{13}lnK + \frac{1}{2}\beta_{15}lnL + \frac{1}{2}\beta_{16}lnF + \beta_{20}lnR \tag{3.7}$$

（2）要素替代弹性估算

不同生产要素间的替代或互补关系能够反映要素投入的相对增加或减少。以化石能源和非化石能源投入为例，如果 F 与 R 之间存在稳定的替代关系，那么 F 投入增加会使 R 的投入减少；如果 F 与 R 之间存在稳定的互补关系，那么 F 投入增加会使 R 的投入增加。因此，根据化石能源与非化石能源之间的替代或互补关系可以判断出偏向技术进步是否推动了非化石能源发展和转型，并为能源消费结构政策的完善提供直接依据。要素间的替代弹性是要素投入结构变化与边际替代率变化的比率，要素 F 与要素 R 间的替代弹性公式如下：

$$EFR = \frac{\partial ln\left(\frac{F}{R}\right)}{\partial ln\left(\frac{MPR}{MPF}\right)} \tag{3.8}$$

式中，MPF、MPR 分别为生产要素 F 和 R 的边际生产率，结合（3.2）式分别表示为：

$$MPF = \frac{\partial Y}{\partial F} = \frac{Y\partial lnY}{F\partial lnF} = \frac{Y\varepsilon_F}{F} = \left(\frac{Y}{F}\right) \times \left(\beta_5 + \beta_{9t} + \frac{1}{2}\beta_{12}lnK + \frac{1}{2}\beta_{14}lnL + \frac{1}{2}\beta_{16}lnR + \beta_{19}lnF\right) \tag{3.9}$$

$$MPR = \frac{\partial Y}{\partial R} = \frac{Y\partial lnY}{R\partial lnR} = \frac{Y\varepsilon_R}{R} = \left(\frac{Y}{R}\right) \times \left(\beta_6 + \beta_{10t} + \frac{1}{2}\beta_{13}lnK + \frac{1}{2}\beta_{15}lnL + \frac{1}{2}\beta_{16}lnF + \beta_{20}lnR\right) \tag{3.10}$$

所以可以将 EFR 表示为：

$$EFR = \partial ln\left(\frac{F}{R}\right) \Big/ \partial ln\left(\frac{\dfrac{Y\varepsilon_R}{R}}{\dfrac{Y\varepsilon_F}{F}}\right) = \frac{\partial ln\left(\dfrac{F}{R}\right)}{\partial ln\left(\dfrac{F\varepsilon_R}{R\varepsilon_F}\right)}$$

$$= \left(1 + 2\left(\beta_{16} - \frac{\beta_{19}\varepsilon_R}{\varepsilon_F} - \frac{\beta_{20}\varepsilon_F}{\varepsilon_R}\right)(\varepsilon_F + \varepsilon_R) - 1\right)^{-1}$$

(3.11)

通过（3.11）式可计算任意两种要素之间的替代弹性。其中，EFR>0 表示要素 F 与要素 R 之间具有替代关系，EFR<0 表示要素 F 与要素 R 之间具有互补关系，EFR=0 表示要素 F 与要素 R 之间不具有替代或互补关系。

（3）技术进步能源要素偏向性的影响因素

在此前计算偏向技术进步指数的基础上构建面板模型，研究技术进步在化石能源和非化石能源之间偏向的影响因素，模型如下：

$$B_{it} = \gamma_0 + \gamma_1 P_{it} + \gamma_2 OP_{it} + \gamma_3 C_{it} + \gamma_4 FDI_{it} + \gamma_5 RD_{it} + \gamma_6 LE_{it} + \gamma_7 IN_{it} + \gamma_8 EI_{it} + \gamma_9 HDI_{it} +$$

$$\gamma_{10} FR_{it} + \mu_{it}$$

(3.12)

式中，被解释变量 B_{it} 为当年技术进步偏向指数（化石能源与非化石能源）。

核心解释变量有：

①政策干预（P_{it}）。为了应对气候变暖危机，各国采取了多种碳减排政策，使用碳税具体表征政策干预。碳税一方面可以填补碳排放的私人成本与社会成本之间的缺口，另一方面也可以激励个体或企业减少二氧化碳的排放，影响化石能源和非化石能源的消费和发展，同时也会影响技术进步方向在不同能源要素间的选择。

②化石能源价格（OP_{it}）。化石能源价格会影响消费者的选择，原油价格的上涨将提高使用化石能源的成本，而这又会刺激非化石能源的使用。基于此，油价已成为刺激非化石能源进步的关键因素，对技术进步的方向产生影响。

③环境压力（C_{it}）。相比于化石能源，非化石能源相对清洁，使用非化石能源所排放的二氧化碳也相对较少，在全球气候变暖的环境压力下，技术进步的方向可能会受到影响。

④外商直接投资（FDI_{it}）。外商直接投资可以通过改变被投资国家的要素禀赋

结构以及技术溢出效应影响被投资国家技术进步的方向。

此外，参考已有研究[134-137]，并结合本书研究方向和内容，选择以下6个指标作为控制变量：研发投入（RD_{it}）、出生时预期寿命（LE_{it}）、产业结构（IN_{it}）、开放程度（EI_{it}）、人类发展指数（HDI_{it}）、能源结构（FR_{it}）。

3.2.3　实证结果

技术进步趋势与偏向性

本书估计了1991—2019年所研究的31个国家的技术进步指数，根据技术进步指数变化的整体趋势分为增大、减小以及基本不变三种类型，并分别进行了展示，结果如图3-1所示，其中实线表示该国技术进步指数值在研究期间一直为正，长划线表示该国技术进步指数值在研究期间有正有负，圆点线表示该国技术进步指数值在研究期间一直为负。

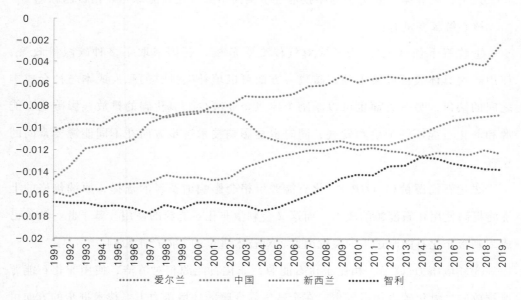

(a)

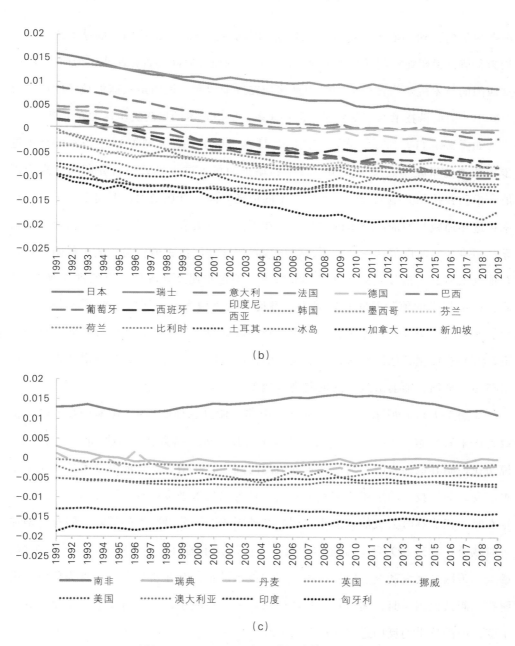

（b）

（c）

图3-1 1991—2019年31个国家技术进步指数

如图3-1（a）所示，在研究期间，有4个国家的技术进步指数整体呈增大趋势，根据数值由大到小依次为爱尔兰、中国、新西兰、智利。这些国家的技术进步指数均为负值，说明在控制其他因素时，前沿技术的值随时间一直在减小，但研究期间，这四国的技术进步指数的值随时间推移均在逐渐增大，说明虽然前沿技术的值一直在减小，但前沿技术的变化率却在逐年递减，前沿技术的反向进步速度在下降。

如图3-1（b）所示，在研究期间，日本、瑞士、意大利等18个国家的技术进步指数整体呈减小趋势。其中，日本和瑞士的技术进步指数在研究期间一直为正值，说明在控制其他因素时，前沿技术的值随时间一直在增大，但前沿技术的变化率在逐年递减，即前沿技术的进步速度在下降；意大利、法国、德国、巴西、葡萄牙、西班牙、印度尼西亚的技术进步指数在研究期间由正值转为负值，说明在控制其他因素时，前沿技术的值随时间先增大，但进步速度在降低，直到进步速度为0后，前沿技术的值随时间开始减小，且速度逐年增大；韩国、墨西哥、芬兰、荷兰、比利时、土耳其、冰岛、加拿大、新加坡的技术进步指数在研究期间一直为负值，说明在控制其他因素时，前沿技术的值随时间一直在减小，且前沿技术的变化率在逐年增加，即前沿技术的反向进步速度在增大。

如图3-1（c）所示，在研究期间，南非、瑞典、丹麦等9个国家的技术进步指数整体来看基本不变。其中，南非和瑞典的技术进步指数在研究期间一直为正值，说明在控制其他因素时，前沿技术的值随时间一直在增大，且前沿技术的变化率基本不变，前沿技术的进步速度基本不变；丹麦的技术进步指数在研究期间的最初几年有时为正值有时为负值，说明在控制其他因素时，前沿技术的值随时间有时增加有时减小，直到1997年开始稳定为负值，前沿技术的值才随时间一直减小；英国、挪威、美国、澳大利亚、印度、匈牙利的技术进步指数在研究期间一直为负值，说明在控制其他因素时，前沿技术的值随时间一直在减小，且前沿技术的变化率基本不变，前沿技术的反向进步速度基本不变。

由于仅计算技术进步指数并不能从其变化中识别出技术进步的要素偏向性，故本书进一步计算了技术进步偏向指数来讨论技术进步的要素偏向性。进一步计算各国每年技术进步在每两种投入要素之间的偏向指数 $Bias_{KL}$、$Bias_{KF}$、$Bias_{KR}$、$Bias_{LF}$、

Bias_{LR} 和 Bias_{FR}，若偏向指数大于 0，则说明技术进步在两种投入要素中更偏向前者；若偏向指数小于 0，则说明技术进步在两种投入要素中更偏向后者；若偏向指数等于 0，则说明技术进步在两种投入要素中是中性的。对计算结果进行对比整理可以得到各国在 1991—2019 年技术进步的要素偏向次序，结果见表 3-1，其中有 15 个国家的要素偏向次序在研究期间基本没有发生变化。

表3-1 　　　　　　　　　　1991—2019年各国技术进步的要素偏向次序

国家	要素偏向次序	最偏向要素
加拿大、挪威、瑞典	K>L>R>F	K
中国、印度尼西亚	K>R>L>F	K
德国、美国	K>R> F>L	K
法国、韩国、西班牙	L>K>R> F	L
智利、匈牙利、冰岛、新西兰	F>K>L>R	F
新加坡	F>L>K>R	F
日本	K>L>F>R→K>F>L>R→R>K>L>F	K→R
南非	K>L>F>R→R>K>L>F	K→R
比利时	K>L>R>F→F>R>K>L	K→F
芬兰	K>L>R>F→F>K>L>R	K→F
土耳其	K>L>R>F→L>K>R>F	K→L
巴西	K>R>F>L→L>K>R>F	K→L
印度	K>R>F>L→K>R>L>F	K
墨西哥	K>R>F>L→L>K>R>F→K>R>F>L	K→L→K
英国	L>K>R>F→K>F>R>L	L→K
丹麦	L>K>R>F→R>L>K>F→F>R>K>L	L→R→F
荷兰	L>R>K>F→R>L>K>F→L>R>K>F	L→R→L
爱尔兰	F>R>K>L→F>L>K>R	F
意大利	R>K>F>L→L>K>F>R→R>L>K>F	R→L→R
澳大利亚	R>L>K>F→L>R>K>F	R→L
瑞士	R>L>K>F→L>R>K>F→L>K>R>F	R→L

如表 3-1 所示，各个国家的要素偏向次序情况有很大不同，但整体上在研究期间技术进步偏向于使用更多资本的国家相对较多，说明这些国家在研究期间主要采用资本密集型生产模式，而偏向于其他三种投入要素的国家在数量上占比基本相同。值得注意的是，在所研究的 31 个国家中，无论该国的技术进步更偏向哪种投入要素，资本都不是偏向性最低的一个投入要素，偏向性最低的要素多为化石能源，其次是劳动。此外，由于葡萄牙的要素偏向次序波动较大，不便在表中进行展示：1991—2006 年，技术进步的最偏向要素在资本和非化石能源之间波动，2007年及以后各年则在化石能源和非化石能源之间波动。

中国在 1991—2019 年的技术进步偏向于使用更多的资本，这一结论与此前国内许多学者的研究发现是一致的[138-140]，本书测算得出的次序为资本、非化石能源、劳动和化石能源，这一差异主要出现在两种能源的偏向次序上，而本书所测得的技术进步指数值、偏向技术进步指数以及各要素间的替代弹性值在整体上是相对稳定的。

技术进步在化石能源与非化石能源之间的偏向性

关注技术进步在化石能源与非化石能源之间的偏向性，可以发现，匈牙利、智利、新西兰等国家化石能源与非化石能源的偏倚程度在研究期间内一直大于零，其技术进步偏向于使用更多化石能源，而德国、美国、法国、中国等偏倚程度在研究期间内则一直小于零，如这些国家在 1991—2019 年技术进步偏向于使用更多非化石能源，也有部分国家的技术进步偏向性在研究期间内并不稳定。根据偏倚情况的不同，可以将所研究的 31 个国家分成 3 类：偏向于使用更多化石能源的国家、偏向于使用更多非化石能源的国家和偏向性存在波动的国家。

如图 3-2 所示，匈牙利和智利的 $Bias_{FR}$ 值在研究期间整体呈下降趋势，说明这两国的技术进步对化石能源的偏向性在降低，其中，匈牙利的 $Bias_{FR}$ 值下降幅度较大，从 0.52 下降到了 0.10。新西兰的 $Bias_{FR}$ 值在研究期间内先是小幅下降，进入一个平台期后，自 2014 年开始不断增大，从 0.14 增长到了 0.38，这说明该国的技术进步对化石能源的偏向性在不断增加。此外，新加坡和爱尔兰两国的 $Bias_{FR}$ 值在研究期间则基本不变，一直保持一个较低的水平，$Bias_{FR}$ 值没有超过 0.1，说明这两国的技术进步一直略偏向于化石能源。

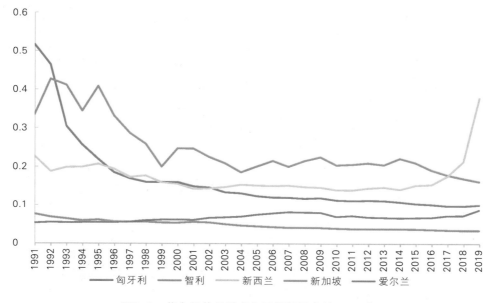

图3-2　偏向于使用更多化石能源国家的Bias$_{FR}$值

　　如图 3-3（a）所示，德国、法国、美国、中国、印度的 Bias$_{FR}$ 值在研究期间内没有较大波动，技术进步一直处于略偏向于非化石能源的状态，而西班牙、墨西哥、韩国、巴西、印度尼西亚、加拿大、瑞典、土耳其的 Bias$_{FR}$ 值在研究期间内则呈下降趋势，说明这些国家的技术进步越来越偏向于使用更多非化石能源，特别是瑞典和土耳其，其 Bias$_{FR}$ 值在 2019 年几乎达到了 -0.1，下降幅度较大。图 3-3（b）展示了澳大利亚在研究期间内的 Bias$_{FR}$ 值，如图 3-3（b）所示，澳大利亚的 Bias$_{FR}$ 值从 1991 年开始呈增大趋势，即该国技术进步对非化石能源的偏向性在降低，到 1998 年左右开始进入平台期，基本稳定在 -0.12 左右，直到 2007 年开始缓慢下降，技术进步开始更加偏向于非化石能源，而在 2007 年，澳大利亚新上任的总理陆克文代表澳大利亚正式签署了《京都议定书》。图 3-3（c）展示了瑞士在研究期间内的 Bias$_{FR}$ 值，如图 3-3（c）所示，瑞士的 Bias$_{FR}$ 值从 1991 年开始呈增大趋势，技术进步对非化石能源的偏向性在降低，直到2005年出现拐点，$Bias_{FR}$值开始逐渐下降，技术进步对非化石能源的偏向性逐渐增大。

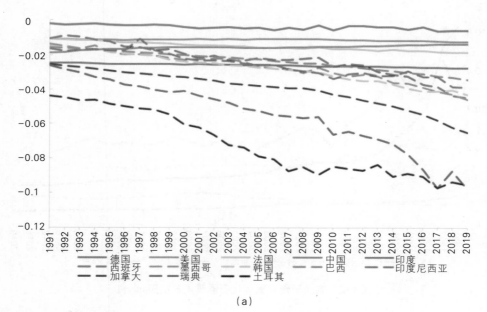

(a)

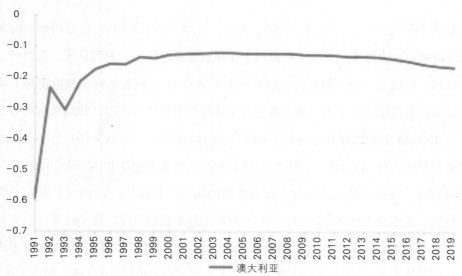

(b)

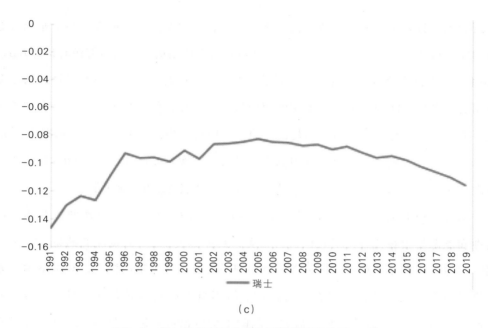

（c）

图3-3　偏向于使用更多非化石能源国家的$Bias_{FR}$值

技术进步能源要素偏向性与要素替代弹性

正如前文所述，仅根据技术进步在化石能源与非化石能源之间的偏向性，无法科学判断技术进步对非化石能源发展和转型的真实影响，还需要结合化石能源与非化石能源之间的相互关系来进行分析。这里会出现四种情况，模式①：当一国技术进步偏向于使用更多化石能源时，即$Bias_{FR}>0$时，若化石能源与非化石能源之间是替代关系（此时$E_{FR}>0$），则该国技术进步不仅偏向于使用更多化石能源，且化石能源增加替代了非化石能源，表明偏向技术进步阻碍了非化石能源的发展与转型。模式②：当一国技术进步偏向于使用更多化石能源时，即$Bias_{FR}>0$时，若化石能源与非化石能源之间是互补关系（此时$E_{FR}<0$），那么尽管非化石能源的使用量也在增加，但该国更多使用的是化石能源，偏向技术进步依然不利于非化石能源的发展与转型。模式③：当一国技术进步偏向于使用更多非化石能源时，即$Bias_{FR}<0$时，若化石能源与非化石能源之间是替代关系（此时$E_{FR}>0$），则技术进步不仅偏向于使用更多非化石能源，且非化石能源有效替代了化石能源，表明偏向技术进步有利于非化石能源的发展与转型。模式④：当一国技术进步偏向于使用更多非化石能源时，即 $Bias_{FR}$ <0时，若化石能源与非化石能源之间是互补关系（此时 E_{FR}<0），那么尽管该国更多使用的是非化石能源，但化石能源的使用量也在增加，偏向技术进步虽然有利于非化石能源的发展与转型，但却不是最优的生产模式。相比之下，这四种情况中，$Bias_{FR}$<0且 E_{FR}>0（模式③）是最理想的生产模式，其次是 $Bias_{FR}$<0且 E_{FR}<0（模式④），再次是 $Bias_{FR}$>0且 E_{FR}<0（模式②），最后是 $Bias_{FR}$>0且 E_{FR}>0（模式①）。

结合所研究的31个国家在样本期间的 $Bias_{FR}$ 与 E_{FR} 的值，本书按照能源要素偏向性和能源要素替代弹性对各国进行归类，具体见表3-2。需要注意的是，将某一国家归为某一类并不意味着该国在研究期间一直处于该类生产模式，只是整体上处于该类生产模式。此外，对 $Bias_{FR}$ 值与 E_{FR} 值不恒为正或不恒为负的国家，参考董春诗（2021）的做法[140]，根据研究期间的平均值正负来进行归类，同时，为了避免个别年份极端值的影响，将个别国家个别年份异常值进行了剔除再进行归类，如剔除了墨西哥1991年、2010年和2018年的 E_{FR} 值。

表3-2　　　　各国技术进步能源要素偏向性与要素替代弹性分类结果

项目		E_{FR}>0	E_{FR}<0
$Bias_{FR}$>0		模式① 爱尔兰、新加坡	模式② 智利、匈牙利、冰岛、墨西哥、新西兰 丹麦（2003—2019）、芬兰（2009—2019）、英国（2005—2019）、日本（1991—2011）、南非（1991—2002）
$Bias_{FR}$<0		模式③ 澳大利亚、比利时、巴西、加拿大、中国、法国、印度、印度尼西亚、意大利、韩国、荷兰、挪威、瑞典、瑞士、土耳其、美国 芬兰（1991—2008）、英国（1991—2004）、日本（2012—2019）、南非（2003—2019）	模式④ 德国、葡萄牙、西班牙 丹麦（1991—2002）

观察在研究期间内生产模式没有改变的 26 个国家可以发现，处在模式①的两个国家分别是爱尔兰和新加坡，这两国的技术进步偏向于使用更多化石能源，且化石能源增加替代了非化石能源，是最不理想的一种生产模式，表明偏向技术进步阻碍了非化石能源的发展和转型，同时，这两个国家也是化石能源在能源消费结构中占比较高的国家。处在模式②的国家是智利、匈牙利、冰岛、墨西哥和新西兰，这 5 个国家的技术进步偏向于使用更多化石能源，虽然非化石能源也在不断增加，但更多的还是使用化石能源，表明偏向技术进步没能促进非化石能源的转型，这 5 个国家中，智利、匈牙利、墨西哥、新西兰都是化石能源在本国的能源消费结构中占比较高的国家，而冰岛则是非化石能源占比更高的国家。处在模式③（最理想模式）的 16 个国家中，法国、挪威、瑞典和瑞士均是非化石能源在本国的能源消费结构中占比较高的国家，而澳大利亚、加拿大、中国、印度等却是以化石能源为主的国家。处在模式④的国家分别是德国、葡萄牙、西班牙，这 3 个国家的技术进步偏向于使用更多非化石能源，化石能源和非化石能源均在增加，表明偏向技术在总体上有利于非化石能源的发展和转型。

技术进步能源要素偏向性影响因素

由于化石能源价格和技术进步能源要素偏向指数之间可能存在反向因果关系，从而导致内生性问题，所以，为了解决模型的内生性，本书选择工具变量两阶段最小二乘法（2SLS 法）进行回归，选择消费价格指数（CPI）作为化石能源价格的工具变量。从理论上来讲，一方面，化石能源价格会受到消费价格指数的影响，通常情况下，消费价格指数越高化石能源价格也就越高，两者正向相关；另一方面，消费价格指数与技术进步在能源要素之间的偏向性并不直接相关，前者只能通过影响化石能源价格来影响后者，所以消费价格指数应是外生随机扰动项。因此，使用消费价格指数作为化石能源价格的工具变量，在理论上是可行的，内生性检验和弱工具变量检验的结果表明本书构造的工具变量是合理的。进一步使用 2SLS 法对面板数据进行回归，第二阶段估计结果见表 3-3。

表3-3 2SLS回归结果

B	系数	标准差	z值	p值
P	-0.0985*	0.0591	-1.67	0.096
OP	-1.3075*	0.7884	-1.66	0.097
C	-0.9465***	0.2952	-3.21	0.001
FDI	-0.9956***	0.2919	-3.41	0.001
RD	0.0238**	0.0105	2.27	0.023
LE	-0.6048*	0.3259	-1.86	0.063
IN	-0.1709	0.2066	-0.83	0.408
EI	0.1188**	0.0575	2.07	0.039
HDI	0.3917**	0.1925	2.04	0.042
FR	0.0183	0.0774	0.24	0.813
常数项	0.7035**	0.2886	2.44	0.015

注：***：$p<0.01$，**：$p<0.05$，*：$p<0.1$。

如表3-3所示，总体来看，政策干预、化石能源价格、环境压力、外商直接投资均有利于促进技术进步能源要素偏向指数的减少，即诱导技术进步偏向于使用更多非化石能源而减少化石能源的使用。

政策干预（P）与技术进步能源要素偏向指数负相关。这个结果与对政策干预效果的预期是一致的，随着碳税的实施，个人或企业会逐渐增加非化石能源的消费，并约束化石能源的消费和使用，促进技术进步向非化石能源的方向偏移，即促进技术进步能源要素偏向指数的减小。

化石能源价格（OP）与技术进步能源要素偏向指数负相关。在价格效应的作用下，随着石油价格的上涨，企业会为了追求更多的利益而去发展可以节约相对昂贵的生产要素的技术，即技术进步方向会偏向于节约化石能源的使用，若化石能源与非化石能源之间是替代关系，则此时技术进步方向会偏向于增加非化石能源的使用，从而促进非化石能源的发展与转型。

环境压力（C）与技术进步能源要素偏向指数负相关。相比于化石能源，非化石能源相对清洁，使用非化石能源所排放的二氧化碳也相对较少，随着人均二氧化碳排放量的增加，全球气候变暖的环境压力增大，技术进步方向会偏向于减少化石能源的使用而增加非化石能源的使用，从而促进非化石能源的发展与转型。

外商直接投资（FDI）与技术进步能源要素偏向指数负相关。随着气候变暖问题的加剧以及各国人民低碳意识的提高，外商对非化石能源产业的投资逐渐增加，这些资本促进了被投资国家非化石能源产业和技术的发展，同时，伴随着资本一同流入的还有与产品生产、管理和销售相关的先进技术以及先进的材料和设备，这些都促进了被投资国家非化石能源产业的发展和技术进步，并诱导技术进步更偏向非化石能源。

对于其他控制变量，目前的研发投入（RD）会促进技术进步更偏向于增加化石能源的消费和使用，但回归系数相对较小，说明研发投入对技术进步在化石能源的偏向性上作用较小；出生时预期寿命（LE）的系数显著为负，即出生时预期寿命的增大会促进技术进步在化石能源和非化石能源之间更偏向非化石能源，说明整体生活质量越高的国家，其技术进步会越偏向于使用更多非化石能源；开放程度（EI）促进了技术进步在化石能源和非化石能源之间更偏向化石能源，说明目前的国际贸易会促进技术进步更偏向于增加化石能源的消费和使用；人类发展指数（HDI）的系数显著为正，人类发展指数越大，技术进步能源要素偏向指数就越大，人类发展指数越大的国家，其技术进步会越偏向于使用更多化石能源。

3.2.4 研究结论与政策启示

技术进步是促进非化石能源发展和转型的关键因素，充分引导技术进步向非化石能源偏移对促进非化石能源发展和转型以及我国"碳中和"目标的实现具有重要推动作用。根据本书的实证分析结果，我国技术进步能源要素偏向指数在研究期间内一直为负值，说明目前的技术进步更偏向于使用非化石能源，且化石能源与非化石能源的要素替代弹性为负值，即非化石能源有效替代了化石能源，这表明我国的偏向技术进步有利于非化石能源的发展，是一种最理想的生产模式。然而，与其他技术进步偏向于非化石能源的国家（如澳大利亚、加拿大、瑞典、瑞士等）相比，我国的技术进步能源要素偏向指数的绝对值还相对较小，技术进步对非化石能源的偏向程度并不算高。此外，虽然在研究期间内，我国的技术进步能源要素偏向指数较为稳定，一直处于略偏向非化石能源的状态，但技术进步能源要素偏向指数的绝对值其实略有减小趋势，说明我国技术进步对非化石能源的偏向性略有降低。因此，结合本书技术进步能源要素偏向性影响因素分析，提出以下几点政策建议：

第一，深化能源价格机制改革，发挥好能源价格对技术进步能源要素偏向性的引导效果。化石能源价格的上升会激励企业为了实现利润最大化而去选择加快研发偏向于节约相对昂贵的能源的技术，并偏向于使用更多非化石能源。第二，碳税和碳市场有机结合，发挥好政策干预对技术进步能源要素偏向性的引导效果。第三，合理引导社会消费理念，倡导使用非化石能源和低碳生活，发挥好环境压力对技术进步能源要素偏向性的引导效果。第四，加强外资引进管控，优化外资引进政策，发挥好外资对技术进步能源要素偏向性的引导效果。此外，我国不仅要继续加大研发投入力度，还要重视对研发方向的引导，完善创新平台，推动产学研合作，一方面鼓励高校和研究机构积极参与有关能源的技术研发，另一方面也要提高企业研发的积极性，鼓励企业研发和使用更清洁、低碳的先进技术，引导企业增加对非化石能源的使用而减少化石能源的使用，引导技术进步向非化石能源偏移，促进非化石能源的发展和转型，助力我国节能减碳和"双碳"目标的实现。

第 4 章 新能源创新发展的国际影响因素研究

第 1 节 国际协议对可再生能源发展的影响

20世纪80年代以来，国际社会逐渐意识到气候变化问题的重要性，开始对气候变化进行研究并制定相应对策。在《联合国气候变化框架公约》（1992年）通过的基础上，《联合国气候变化框架公约》缔约方大会自1995年起每年举办，并通过了具有广泛影响力的应对气候变化的国际协议，如《京都议定书》（1997年）、《巴黎协定》（2015年）等，这推动着全球应对气候变化的进程不断加快。而应对气候变化的重要举措就是要减少 CO_2 等温室气体的排放。作为最主要的温室气体排放源，能源亟须低碳转型发展。扭转以煤、石油等化石能源为主的能源结构，加快能源低碳转型、推动可再生能源发展无疑是全球应对气候变化和实现碳中和目标的核心路径和必然选择。

如果说《京都议定书》《巴黎协定》等应对气候变化的国际性协议是理论层面或者政策层面的努力，那么能源低碳转型、可再生能源发展就是实践方面的付出与行动。理论影响实践，政策影响行动，研究一项政策对行动带来的影响究竟有多大，也就是政策的驱动效果如何，是具有理论意义和实际意义的，既可以丰富政策驱动研究的方法，也可以反过来为政策的进一步改善提供参考，推动碳减排目标的实现。所以，探讨《京都议定书》《巴黎协定》等应对气候变化的国际性协议对能源低碳转型、可再生能源发展带来的效果以及效果的大小程度是一项具有重要意义的研究。

4.1.1　国际协议与文献评述

1992年5月，里约联合国环境与发展大会通过了《联合国气候变化框架公约》，是人类应对气候变化的一项国际性公约，也为之后的国际性气候变化大会提供了指引。

从1995年起，联合国每年会主办一次气候变化大会，截至2022年，已经成功举办了27次缔约方会议。2023年底，联合国在迪拜举办第28次缔约方大会。在举办过的20多届气候变化大会中，产生了具有广泛影响力的国际协定，包括《京都议定书》《哥本哈根协议》《巴黎协定》等（具体见表4-1）。

表4-1　　　　　　　　《联合国气候变化框架公约》缔约方大会主要成果

年份	会议地点	会议名称	主要成果
1995	柏林	COP1	柏林授权：启动一项旨在加强附件Ⅰ国家承诺的谈判
1997	京都	COP3	《京都议定书》
2001	马拉喀什	COP7	《马拉喀什协议》
2005	蒙特利尔	COP11	设立议定书下附件Ⅰ国家进一步承诺特设工作组
2007	巴厘岛	COP13	设立公约下长期合作行动特设工作组
2009	哥本哈根	COP15	《哥本哈根协议》
2010	坎昆	COP16	《坎昆协议》
2011	德班	COP17	设立德班加强行动平台特设工作组
2012	多哈	COP18	《〈京都议定书〉多哈修正案》
2013	华沙	COP19	提出"国家自主贡献"
2014	利马	COP20	提出"考虑不同国家国情"
2015	巴黎	COP21	《巴黎协定》
2021	格拉斯哥	COP26	《格拉斯哥气候协议》
2022	沙姆沙伊赫	COP27	《沙姆沙伊赫行动计划》

1997年，在《联合国气候变化框架公约》第3次缔约方大会上，通过了一项国际性公约——《京都议定书》，在该公约中，人们首次以法规的形式限制了温室气体的排放量，既具有约束性，也具有明确性。《京都议定书》首次为发达国家缔约方制定了明确量化的6种温室气体减排目标，规定2008—2012年的温室气体排放总量要在1990年的基础上减排5.2%[141]。该协议还对发达国家和发展中国家的减排任务进行区分，协议所倡导的"共同但有区别的责任"原则对后来的气候谈判和确定不同国家减排程度影响深远。

自2005年《京都议定书》生效以来，虽然气候谈判大会一直在持续进行，但是效果不理想，各国之间存在着利益纷争和政治经济立场，在减排任务分配问题上，发达国家与发展中国家更是各执一词，多边气候谈判进展缓慢，2007年的巴厘岛会议、2009年的哥本哈根会议以及2011年的德班会议均未取得理想的协议成果。直到2015年在巴黎举办的《联合国气候变化框架公约》第21次缔约方大会，由法国这一强有力的东道主牵头，才使得全球性气候谈判取得新进展，在经过多方磋商后，通过了《巴黎协定》。《巴黎协定》的一个重要目的就是在《京都议定书》第二承诺期即将到期的情况下，也就是对2020年后应当如何应对全球气候变化问题做出国际性的制度安排[142-144]。《巴黎协定》明确提出：要把全球气温升幅控制在2℃范围内，并为1.5℃目标而努力；争取在21世纪下半叶实现净零排放的目标。《巴黎协定》推动全球应对气候变化国际合作进入一个新的阶段，也对各国节能减排形势产生深远影响。

《京都议定书》与《巴黎协定》之间存在着前后承接关系。《巴黎协定》吸收和容纳了《京都议定书》的谈判成果，也推动了国际气候治理制度和方法的进步与发展[145]。《巴黎协定》吸收了《京都议定书》"共同但有区别的责任"原则，《京都议定书》所倡导的市场化减排理念，如推动碳排放交易机制促进减排也在《巴黎协定》中有所体现。《巴黎协定》还基本吸收了《京都议定书》所规定的国际环境合作模式——清洁发展机制（Clean Development Mechanism，CDM）。《京都议定书》在实践中的经验教训为《巴黎协定》的机制设计提供了有益借鉴[146]。总之，《巴黎协定》在一定程度上是对《京都议定书》的继承[147]，后者亦可视为《巴黎协定》的早期尝试。

但两者之间存在一个显著的不同之处，《京都议定书》仅对发达国家缔约方实施自上而下的减排要求，由议定书给定减排目标，发达国家缔约方执行，而《巴黎协定》采取的是自下而上的减排方式，确立了一种新的减排模式——国家自主贡献（NDC），并且与《京都议定书》相比，《巴黎协定》的减排方式适用范围更广，对于南北缔约方均适用[148]。因此，《巴黎协定》被众多学者认为是全球应对气候变化问题的制度安排的新起点[149]，获得了很高的评价与肯定。

4.1.2 能源转型与文献评述

20世纪70年代，在石油危机和人们对核能的强烈抵制背景下，能源转型的设想应运而生。"能源转型"一词最早来自1980年由德国应用生态学研究所出版的报告《能源转型：没有石油与铀的增长与繁荣》，该报告主要呼吁人们放弃石油和核电，到21世纪后逐渐转变为"分布式可再生能源和提高能源效率"。

国际能源署在多篇报告中表达了能源转型的必要性和重要意义，能源转型是温室气体减排的重要驱动力，并通过促进可再生能源、氢气和可持续生物质能的发展来实现。特别是，IEA在《世界能源展望2022》中报道，为了实现到2050年净零排放的目标，可再生能源发电和可再生能源消费的份额都需要大幅提升，前者要从2019年的26%上升到2050年的90%，后者要从2019年的19%上升到2050年的79%。根据国家发展改革委等九部门联合印发的《"十四五"可再生能源发展规划》，"十四五"期间，中国可再生能源将进入高质量跨越式发展阶段，可再生能源在一次能源消费增量中的占比将超过50%，预计到2025年，中国可再生能源消费总量达到10亿吨标准煤。除此，中国在促进能源转型、可再生能源发展方面还付出了许多努力，国家能源局7月31日发布的数据显示，截至2023年6月底，中国可再生能源装机达到13.22亿千瓦，历史性超过煤电，约占中国总装机的48.8%。

在全球气候变化和可持续发展要求的背景下，能源转型的主要内容就是发展可再生能源，提供人人可负担的可靠清洁能源。作为全球能源转型的核心内容，可再生能源的发展已取得显著成效。在能源转型的背景下，诸多学者展开了各种驱动因素对可再生能源发展的影响研究。虽然没有得出一致的结论，但是概括总结的话，主要是四个方面的驱动因素：政策因素、环境因素、经济因素和金融因素。

首先，政策因素是可再生能源发展的最初驱动因素[150, 151]，这也体现了此次能源转型与前两次能源转型的主要区别，前两次能源转型主要是基于生产力的发展，技术驱动为主，而此次能源转型与人类面临的生存发展危机息息相关，在气候变化的背景下，可持续发展理念广泛传播并得到认同，人们自发地要求能源转型，这就需要很强的政策引导作用。例如两个经典的可再生能源政策对能源低碳转型带来巨大影响：可再生能源固定上网电价（Feed-in Tariff，FIT）和可再生能源配额制（Renewables Portfolio Standard，RPS）[152]。其次，环境因素主要包括温室气体排放量、民众的环保意识等[153]。一般情况下，环境因素和政策因素相互关联，并对可再生能源发展产生作用。再次是经济因素，虽然人们普遍认为政策因素是此次能源转型的最初驱动因素，但是也有不少学者认为，基于生产力决定生产关系，经济基础决定上层建筑的理论，实际的经济增长才是可再生能源发展的最主要驱动力[154]。此后多数研究也认为经济发展水平对可再生能源会产生一定正向影响。最后，金融因素在可再生能源问题研究早期没有获得充分关注且大多停留在定性分析层面，近年来，随着绿色金融、绿色基金、绿色债券等的兴起，学者们开始通过实证方法来研究金融要素对可再生能源的影响[155-157]。

总的来说，过往对可再生能源发展驱动因素的研究虽然对影响因素考虑全面，包括政治、经济、环境、金融、资源禀赋等，但是缺乏对国际层面的关注，尤其是国际环境政策和相关国际协议，如《京都议定书》《巴黎协定》《联合国 2030 年可持续发展议程》等。无论是理论方面，还是实践方面，研究应对气候变化的国际协议对能源转型和可再生能源发展具有重要意义，既可以弥补可再生能源发展驱动因素研究中只关注本国内部因素的问题，也可以为国际政策对某个国家或地区某一方面影响的研究提供思路和方法上的借鉴，还为一国政府以多大力度贯彻和落实国际协议、如何参与全球环境治理提供参考。

4.1.3　国际协议政策效果研究与文献评述

关于《京都议定书》政策效果的研究

自《京都议定书》生效以来，学界将更多目光专注于该协定对政治、经济等方面的影响，包括履约成本收益分析。如 Christoph & Rutherford（2010）以加拿大一国为例，基于情景分析和预测，如果加拿大完全按照《京都议定书》附件 I 缔约国家的减排任务开展行动，将会对其国内的经济产生阻碍，主要是巨大的经济调整成本[158]。

而随着气候变化问题越来越严重，学者们更多地关注《京都议定书》对减少温室气体排放的政策效果。已有研究大多停留在探讨理论层面上，而在实证层面，根据经验数据，学者们得出了不一样的结果，也持有不同的观点。一方面，有学者对《京都议定书》的减排效果有所质疑，如 Wei 等（2008）发现，大部分缔约国的经济发展与温室气体排放量之间未完全符合经典的倒 U 形环境库兹涅茨曲线变化趋势，也因此，在现有政策下，《京都议定书》的减排目标很难实现[159]。无独有偶，Sueyoshi & Goto（2011）也对《京都议定书》的减排效果提出了质疑[160]。

另一方面，也有学者认为《京都议定书》对温室气体减排有明显作用，推动了温室气体减排。如 Mazzanti & Musolesi（2010）发现，自 1997 年签订《京都议定书》后北欧国家的二氧化碳排放量在减少，但是由于存在混合政策以及经济、技术等影响因素，并不能识别《京都议定书》带来的减排效果到底如何[161]。Ber-rand & Jean Baptiste（2023）通过实证研究表明气候变化与温室气体排放的相关性，佐证了《京都议定书》对温室气体减排的作用[162]。随后也有学者扩大了研究对象，不再局限于附件 I 国家或者发达国家，如 Iwata & Okada（2014）对 119 个国家 1990—2005 年的面板数据进行研究，认为《京都议定书》显著降低了缔约国的二氧化碳和甲烷排放量[163]。随着研究方法的进步和数据可得性的提高，研究结果也越来越精确，如 Grunewald & Martinez Zarzoso（2016）使用了 170 个国家 1992—

2009 年的面板数据进行分析，发现与《京都议定书》未缔约国相比，缔约国的二氧化碳排放量平均多下降了 7% 左右[164]。

围绕《京都议定书》的减排效果，已有太多理论层面上的研究，而少量的实证研究[165-167]仅聚焦于国家层面，研究方法也局限于比较缔约国在缔约前后的温室气体减排效果以此衡量《京都议定书》带来的减排效果。但实际上，影响温室气体减排的因素众多，比如经济、政治、资源禀赋、技术水平等，而在研究中很难将这些干扰因素剥离，这也导致了实证结果可信度和准确度低，缺乏说服力。

而《京都议定书》下的清洁发展机制由于提供了考察《京都议定书》政策效果的微观视角[168-170]，以及中国和印度等温室气体排放大国的广泛参与，因而逐渐受到学界重视。

国外大量学者围绕 CDM 项目减排的政策效果进行了探讨，大部分学者对 CDM 项目的减排效果持肯定态度。如 Lewis（2010）以中国为例，认为 CDM 对中国可再生能源项目的开发和建设具有推动作用，并进一步促进了温室气体减排[171]。Naik（2014）以另外一个排放大国——印度为研究对象，并表明截至《京都议定书》第一承诺期结束，也就是 2012 年，印度通过 CDM 项目实现的减排量约 0.19 亿吨二氧化碳当量[172]。然而，也有部分学者对 CDM 减排的政策效果提出了质疑[173, 174]，主要的质疑点与学者们对《京都议定书》减排效果的质疑相同，就是围绕 CDM 项目的研究也无法排除其他干扰因素对减排的影响，也就无法证明理论或实证研究中观测到的减排效果是否来源于 CDM 项目或者到底有多大程度上来自 CDM 项目[175]。

目前，国内关于 CDM 的研究相对较少，主要是对 CDM 的理论探讨和定性分析，诸如我国开展 CDM 项目的现状与改进对策分析[176, 177]、对 CDM 的法律机制及相关风险的思考[178-180]以及 CDM 与排污权交易相互作用问题的探讨[181-183]。而针对 CDM 项目对能源转型和可再生能源发展影响的实证研究十分匮乏，仅有的研究[184, 185]也均是对具体能源项目减排的个案评估。

关于《巴黎协定》政策效果的研究

作为《京都议定书》一定程度上的继承和尝试，《巴黎协定》规定各缔约国必须设定各自的国家自主贡献计划，并且每5年更新一次。

中国向《联合国气候变化框架公约》提交的自主减排目标为：二氧化碳排放2030年左右达到峰值并争取尽早达到峰值；单位国内生产总值二氧化碳排放比2005年下降60%～65%，非化石能源占一次能源消费比重达到20%左右，森林蓄积量比2005年增加45亿立方米左右。

自《巴黎协定》正式生效以来，学者们对《巴黎协定》所确立的1.5℃目标能否实现以及如何实现关注颇多，对全球各区域甚至是各排放大国、各行业，主要是工业、能源、建筑、交通行业的排放空间、排放路径和减排需求进行清晰化和定量化。[186-189] 而这些研究大多认为在现有形势下，各国不仅难以实现自主贡献承诺，更不可能实现《巴黎协定》确立的1.5℃和2℃目标。例如，董聪等（2018）以《巴黎协定》以及中国做出的自主贡献承诺为背景，运用BP神经网络模型对2030年中国的碳排放情景进行预测研究，得出非化石能源占比达20%目标难以实现的结论[190]。这也是学界对《巴黎协定》与《京都议定书》研究的一个不同之处，前者更关注未来和预测，后者更关注带来的政策效果。

对《巴黎协定》带来的政策效果这一方面的研究较少，主要局限在政治和经济层面，包括成本收益分析[191-193]。相当多的研究表明，追求《巴黎协定》的目标可能会给各国带来一些经济代价。根据Liu等（2020）的研究[194]，退出《巴黎协议》提高了该国的GDP，尽管它减少了一些在碳排放方面的收益。同样，Nong等（2018）还发现[195]，退出《巴黎协定》将使实际GDP和实际私人消费增加，在美国，分别为13%和0.78%。造成《巴黎协定》履约成本如此高的原因，可能在于一些国家在追求减排目标时带来巨大经济阻力。不过近年来，随着人们越来越要求可持续发展，更多的研究关注到《巴黎协定》背景下的气候正义、能源贫困问题[196]。

国内外学者围绕《巴黎协定》对可再生能源发展的研究有限，且多为定性分析。如傅莎等（2016）对《巴黎协定》对中国能源转型和低碳发展带来的影响进行了简要分析，认为该协定明确了未来中国低碳发展的方向以及能源低碳转型的时间表[197]。少有关于《巴黎协定》对能源转型影响的定量分析，不过在仅有的定量研究中，也可以发现，相较于《京都议定书》时期的政策效果评估研究，《巴黎协定》背景下的研究方法有较大改进，较少使用很多学者认为评估可信度存疑的模型，而使用对社会经济因素考量更合理的复杂模型。如 Liu 等人（2020）分析了国家自主贡献对能源结构和产业结构的影响，该研究就采用了综合评估模型（IAM），分析了 NDC 减排目标对一国长期的产业影响和能源影响，模拟预测在 NDC 减排目标下，截至 2100 年，主要国家的 GDP 趋势、碳排放路径、能源结构等，以模拟仿真结果来度量 NDC 减排目标的影响[198]。不过，学界对《巴黎协定》政策效果评估的实证研究仍然有限，基于经验数据的《巴黎协定》实施对可再生能源发展和能源转型影响的实证研究更是少之又少。

总结与展望

气候变化是人类面临的严峻挑战，应对气候变化最主要的措施就是减少温室气体的排放。作为温室气体最主要的排放源，能源面临着低碳转型。通过多边气候谈判，国际社会通过了两项具有重要意义的国际公约——《京都议定书》和《巴黎协定》。探讨国际协议对能源转型和可再生能源发展的作用也成为国内外学者感兴趣的研究热点，无论是理论研究还是基于经验数据的实证研究，无论是国家层面还是类似于发达国家、发展中国家这种分类群体层面，国内外研究者都在积极探索，推动着理论水平的进步，验证了《京都议定书》或《巴黎协定》带来的政策效果。

但是当前学界对这一领域的研究存在不足，仍需继续改进，尤其是中国国内学界对这一领域的研究尚处在起步阶段，多是定性或者描述性统计研究，缺乏针对应对气候变化的国际协议对能源转型、可再生能源发展影响的深入系统的实证研究。在研究对象上，国内外学界大多停留在国家层面上进行分析，缺乏对小范围地区、企业等微观层级的研究；在研究方法上，国内外学界大多数进行理论研究，少有的实证研究也大多使用缺乏可识别度的模型，无法剔除影响可再生能源发展的其他社会经济因素，这也导致研究结果缺乏说服力。未来，应在研究对象和研究方法上加强对应对气候变化的国际协议对能源转型、可再生能源发展影响的实证研究。

第 2 节 中国可再生能源产品贸易的趋势与影响

4.2.1 时间范围与数据来源

从中国可再生能源产品的贸易对象与贸易规模分析中国的可再生能源贸易，以1996—2019年为研究期，较好地涵盖了中国对外贸易快速发展的20年，也涵盖了中国可再生能源产品贸易从起步到快速发展的阶段。可再生能源产品贸易相关数据来源于联合国贸易统计数据库①，共覆盖了215个国家和地区。由于各国家和地区对进出口产品的统计标准不一致，进口国和出口国公布的贸易额可能存在差异，即国际贸易数据存在不对称问题。考虑到进口国对进口产品征收关税，数据相对准确，本书选择以进口国数据为准[199]，并将进出口商品价格指数折算为1996年美元不变价进行分析。

环境产品的定义和分类并无统一标准，主要依赖环境产品清单进行认定。国际上比较有影响力的环境产品清单主要包括APEC清单（1998年）、OECD清单、WTO清单和APEC清单（2012年）。从研究角度出发，OECD工作论文对各类清单进行比较分析之后，筛选出一份可供研究使用的环境产品清单，所含环境产品数量较多，共计246种，其中可再生能源产品（Renewable Energy Products，REP）54种，进出口商品价格指数来自2021年《中国统计年鉴》。

4.2.2 中国可再生能源产品贸易的主要对象

在1996年，中国可再生能源产品的贸易情况见表4-2。此时，中国可再生能源产品的主要贸易国家为美国、日本、德国、法国、韩国、意大利等，主要的贸易区域为东亚、北美和西欧地区。值得一提的是，中国香港是中国内地最主要的可再生

---

① 来源：https://comtradeplus.un.org/.

能源产品出口地区。对中国香港的出口贸易额占比达到1996年可再生能源产品出口额的47.42%，进口的占比为1.39%，1996年内地需要中国香港作为对外出口可再生能源产品的中转站，因此可以在数据上观察到有大量可再生能源产品出口中国香港。

表4-2 　　　　　　　　1996年REP贸易额排名前十的国家及其贸易额占比

排名	国家	1996年出口贸易额占比	国家	1996年进口贸易额占比
1	日本	17.61%	美国	7.56%
2	美国	12.91%	日本	7.55%
3	德国	3.86%	德国	2.08%
4	韩国	3.09%	法国	1.63%
5	新加坡	2.00%	韩国	1.32%
6	法国	1.89%	英国	0.92%
7	意大利	1.46%	意大利	0.58%
8	马来西亚	1.09%	新加坡	0.51%
9	瑞典	0.94%	比利时	0.41%
10	加拿大	0.73%	瑞士	0.38%

2020年中国的可再生能源产品贸易情况见表4-3。2020年，中国REP主要贸易国家仍然集中在日本、美国、韩国、德国。但是在与不同国家的贸易额占比分配中有所差异，排名前十的国家整体贸易额占比高于1996年。出口方面，美国的贸易额超过日本成为第一，且两者占比都有所下降。此外，出口贸易额位于第5至第10名的国家变化较大。进口方面，日本、韩国的贸易额占比大幅上升，与其他国家差距较大。总体而言，与1996年相比，2020年我国REP贸易伙伴范围有所扩大，从1996年主要集中在欧美国家到2020年与东南亚部分国家及巴西等国家的REP贸易往来大大增加。值得注意的是，随着中国内地对外开放的大门越开越大，中国香

港的贸易功能逐步被内地口岸取代，2020年中国内地与香港地区REP贸易往来明显比1996年少，进口贸易额占比仅为0.11%，出口占比为9.49%，远低于1996年的水平。

表4-3　　　　　2020年REP贸易额排名前十的国家及其贸易额占比

排名	国家	2020年出口贸易额占比	国家	2020年进口贸易额占比
1	美国	10.34%	日本	16.45%
2	日本	6.36%	韩国	12.04%
3	德国	5.00%	德国	8.07%
4	韩国	3.49%	美国	5.08%
5	澳大利亚	3.10%	新加坡	3.57%
6	印度	2.53%	马来西亚	3.42%
7	荷兰	2.48%	法国	3.03%
8	巴西	2.04%	西班牙	2.75%
9	泰国	1.88%	英国	2.74%
10	印度尼西亚	1.61%	葡萄牙	2.58%

4.2.3　中国可再生能源产品进出口的发展格局

中国可再生能源产品进口的规模变化

　　1996—2020年，中国可再生能源产品进口量整体呈现先上升后迅速下降，之后基本保持稳定或缓慢下降（如图4-1所示）。1996—2002年可再生能源产品贸易额增长缓慢，1996年进口额为54.26亿美元，2002年增长至144.10亿美元。2002—2007年进口额总体快速增长，2004年出现短暂下降，后持续快速上升，至2007年增长到779.07亿美元。2008年进口额迅速下降，仅为349.3亿美元。2008—2015年基本维持在350亿美元左右，2016—2019年持续下降，2020年与2019年基本持平，2020年

进口额为 286.11 亿美元。具体而言，中国可再生能源产品进口在 1996—2007 年基本
呈现增长态势，其中 2004 年之后进口额增长迅速。2008 年出现大幅度下降，2008—
2015 年基本稳定，2016—2019 年迅速下降，2019 年以后基本稳定。

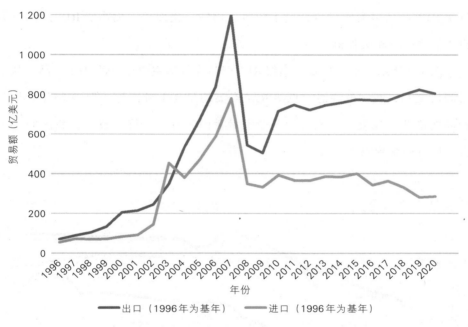

图4-1　1996—2020年中国可再生能源产品进出口贸易额变化

中国可再生能源产品出口的规模变化

　　1996—2020 年中国 REP 出口贸易规模变化大体上与进口的情况类似（如图4-1
所示）。1996—2007 年 REP 出口量持续上升，其中 2002 年之前的增长较为缓慢，
REP 出口贸易额从 1996 年的 71.07 亿美元增长到 2002 年的 244.80 亿美元，2002 年
之后 REP 出口贸易额大幅增长，直至达到 2007 年 REP 出口贸易额最高峰 1 197.70
亿美元。2007—2008 年 REP 出口贸易额快速下降至 542.62 亿美元，2010 年回升到
715.79 亿美元。2011—2020 年 REP 出口贸易额在波动中呈缓慢上升趋势，从 2010
年的 747.92 亿美元缓慢增长到 2020 年的 805.00 亿美元。

中国可再生能源产品的进出口额比较

2010年以来，我国可再生能源产品的贸易顺差逐渐增加，基本呈现出可再生能源产品出口额逐渐上升，进口额逐年下降的趋势。为了进一步观察我国REP产品的贸易变化，我们将REP产品进一步区分为高级REP产品和低级REP产品。其中低级REP产品多为原材料，包括塑料、钢铁、镜面等，而高级REP产品主要是可再生能源生产相关仪器。

如图4-2所示，在出口端，高级REP产品为我国主要出口的REP产品。从较长的时间尺度看，我国的高级、低级REP产品均呈现上升趋势，但2010年后初、高级产品的增速都较慢。这或与欧美国家对我国实行"双反"政策，我国的REP产品在出口方面受到限制有关。

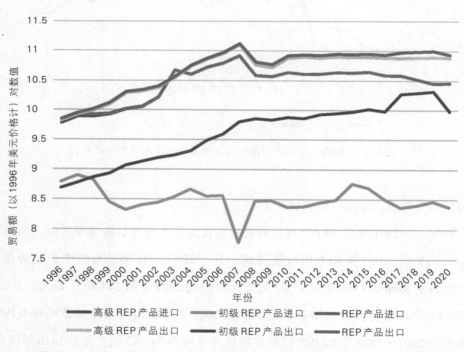

图4-2　1996—2020年中国可再生能源产品（分类后）进出口贸易额变化

在进口端，高级 REP 产品是我国主要进口的 REP 产品。2008 年以后，我国的初、高级 REP 进口处于基本稳定的状态。其中在 2014 年左右，初级 REP 产品进口出现一个小高峰。这与我国当时为抵御欧美"双反"政策影响密集发布光伏相关政策，推动分布式光伏发电规模化等举措，在短时间迅速促使我国国内的可再生能源产品需求增长存在关联。

对进出口进行对比，我国出口的初级 REP 产品大于我国进口的初级 REP 产品，在初级产品方面基本可以实现自给自足，且仍有部分盈余。对比我国的高级 REP 产品的进出口情况可以发现，除了 2003 年，我国在高级 REP 产品方面均有贸易顺差。2010 年以来，我国的高级 REP 产品出口基本保持稳定，进口的可再生能源产品有逐渐下降的趋势，可以反映出通过若干年的发展，我国在高级可再生能源产品方面对外国的依赖程度正在逐渐降低。

对比高级 REP 以及初级 REP 进出口的占比，如图 4-3 和图 4-4 所示，1996—2020 年高级 REP 贸易额占比持续居高，出口占比大多都在 80% 以上，进口占比更是持续高于 90%，但在占比变化趋势方面有所区别。进口方面，1996—2020 年，高级 REP 的贸易额整体呈持续增长态势，1998—1999 年，高级 REP 占比经历大幅增长，从 1998 年的 92.1% 增长到 1999 年的 96.8%，2000—2001 年，高级 REP 占比略有下降，随后其占比一直在 98.6%～99.9% 的高位区间波动。出口方面，1996—2004 年高级 REP 占比整体保持增长趋势，从最初的 93.1% 增长到 2004 年的 96.5%，这段时间内也经历了微小的波动，如 2000—2001 年占比的下降。而 2004 年可以作为高级 REP 出口占比变化的转折点，2004 年之后高级 REP 出口占比总体都在下降。首先是 2004—2006 年逐步下降到 95.8%，随后 2007 年高级 REP 出口占比从 95.1% 大幅下降到 2008 年的 89.0%，2016 年从 88.9% 大幅下降到 2017 年的 80.3%。尽管这段时间内也经历过 2009—2011 年以及 2019—2020 年的回升，但高级 REP 出口占比仍未能回到 2004 年之前的平均水平。

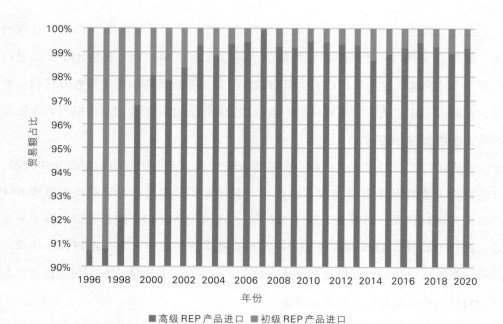

图4-3　1996—2020年中国可再生能源产品（分类后）的进口贸易额占比变化

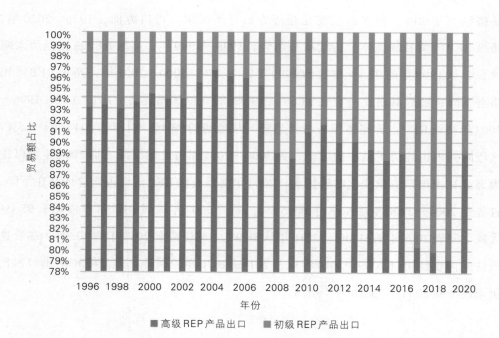

图4-4　1996—2020年中国可再生能源产品（分类后）的出口贸易额占比变化

4.2.4 结论与启示

1996—2020 年，中国可再生能源产品的贸易对象发生了变化，中国在新能源领域的国际竞争力增强，贸易伙伴范围扩大，出口市场需求增加。除了传统的美国、日本、德国等国家外，中国与东南亚部分国家以及巴西等国家之间的可再生能源产品贸易往来增加。这表明中国在可再生能源产业的国际合作和贸易方面取得了一定的成果，与更多地区和国家建立了合作关系。1996 年，中国的可再生能源产品出口主要集中在美国、日本等国家，而 2020 年美国取代日本成为最大的出口市场。这表明中国在新能源技术和产品方面的竞争力增强，能够在全球市场上获得更大份额。同时，出口贸易额排名前十的国家整体贸易额占比高于 1996 年，这意味着中国可再生能源产品的国际市场需求增加。随着中国对外开放的大门越开越大，中国香港的贸易功能逐渐被内地口岸取代，中国内地与香港地区的 REP 贸易往来明显减少。

中国可再生能源产品的进口额在 1996—2007 年之间呈上升趋势，之后快速下降，表明中国在这一时期对国外的可再生能源产品需求增加。2008 年后，由于国内可再生能源产能提升，进口依赖减少，进口额基本保持在稳定水平或缓慢下降。在出口端，中国可再生能源产品出口量在 1996—2007 年期间持续上升，之后出现了快速下降和波动的趋势。这可能反映了全球市场对中国可再生能源产品的需求变化以及国际竞争的加剧。自 2011 年以来，中国可再生能源产品出口额稳定增加，显示出中国在可再生能源领域的竞争力和出口潜力。

结合进出口进行分析，1996—2020 年，中国可再生能源产品的贸易顺差逐渐增加，主要得益于高级可再生能源产品的出口。这表明中国在高级可再生能源产品方面具有竞争优势，同时逐渐减少了对国外高级可再生能源产品的依赖。同时，中国在初级可再生能源产品方面基本实现了自给自足，甚至出现部分盈余，显示出其在初级产品领域的生产能力和市场饱和度。

中国可再生能源贸易格局的变化反映了中国在可再生能源领域的发展和国际竞

争力的增强。中国通过提升自身的可再生能源产能，逐渐减少了对进口的依赖，并且在高级可再生能源产品方面取得了出口顺差。这反映了中国在可再生能源技术研发和生产方面的进步，以及在国际市场上的竞争优势。然而，中国仍需继续加大研发投入和创新力度，以进一步提高可再生能源产品的技术含量和附加值，实现更加可持续的贸易格局。

第3节　化石能源价格对可再生能源发展的影响

4.3.1　研究问题

化石能源的燃烧被公认为是二氧化碳的主要来源，因此调整能源结构、采用可再生能源替代传统化石能源成为每个国家都必须要考量的举措。另外，OPEC国家集体减产、地缘政治冲突使得石油这一重要能源的价格不断攀升，各国的能源安全遭遇挑战，能源结构亟待调整。当前世界各国从化石能源向可再生能源过渡的趋势不断加强，可再生能源消费占比不断扩大，在保障能源安全[200]和减缓气候变化[201]等领域发挥了突出作用。但同时可再生能源发展受限于诸多因素，例如经济发展水平、技术水平和环境因素。化石能源与可再生能源在一定程度上互为替代品，其价格变动对可再生能源发展存在直接的影响。

已有众多学者对影响我国可再生能源发展的因素展开了定性或定量研究，也有部分学者探讨了化石能源价格对我国可再生能源发展的影响，但现有研究多局限于我国本土范围。本书以18个经济合作与发展组织国家以及中国为研究对象，利用双固定效应模型探讨了化石能源价格与可再生能源发展之间的关系并将中国和OECD国家进行对比分析，旨为我国设计相关的可再生能源发展政策提供来自国内外实证比较方面的依据。重点回答以下三个问题：化石能源价格是否会影响可再生能源的发展？化石能源价格对可再生能源的影响是否存在国别差异？今后我国如何利用价格机制更好地推动可再生能源电力的发展？

4.3.2　研究方法与模型设定

为有效地研究化石能源价格及其他控制变量对可再生能源装机容量的影响，同时有效地控制面板数据的个体效应和时间效应，采用双固定效应模型构建了回归方程：

$$REC_{it} = \lambda_i + \gamma_t + \beta_1 \times P_{it} + \beta_2 \times EP_{it} + \beta_3 \times TECH_{it} + \beta_4 \times ECO_{it} + \mu_{it} \tag{4.1}$$

式中，i 表示国家，t 表示年份，λ、γ 分别表示模型存在的个体效应与时间效应，μ 表示模型的扰动项。

（1）被解释变量：可再生能源装机容量（REC）

现阶段，可再生能源基本上用于发电行业，可再生能源发电装机容量能够较好地表征一国可再生电力生产能力。因此本书采用可再生能源装机容量来表征一个国家可再生能源的发展情况。

（2）核心解释变量：能源价格（P）

根据之前的分析，化石能源价格的变化将对可再生能源的发展产生影响。考虑到所选取国家的电源结构和数据可得性，本书采用石油价格来表征 OECD 国家的化石能源价格，用煤炭价格来表征中国的化石能源价格。为消除通货膨胀对价格的影响，本书以 2015 年为基年计算化石能源价格的不变价美元。

（3）控制变量组

①经济发展（ECO）。从经济发展的角度，一方面，更高的收入可以支持政府出台更多优惠政策以促进可再生能源，产生积极影响。另一方面，可再生技术的成本通常高于化石燃料。此外，用其他可再生能源替代基于传统能源（如化石能源）的重型基础设施的成本相当高。高收入国家更有可能获得或开发对增加可再生能源的生产和使用至关重要的新技术。因此，本书采用人均国内生产总值来衡量所选国家的经济发展水平。同时，为消除通货膨胀带来的影响，以 1995 年为基年计算不变价。

②环境压力（EP）。2016 年，175 个国家签署了《巴黎协定》以应对全球气候

变化，本书所选取的国家都是该协定的缔约方。同时，各国也提出相应的气候变化治理目标，例如中国的"双碳"目标。而气候变化治理背后的环境压力将会促使政府在长期转向可再生能源，从而促进可再生能源发展。因此，本书采用人均CO_2排放量作为控制变量表征环境压力。

③技术进步（TECH）。可再生能源发电、储能、电力输送和智能电网等技术的进步将导致可再生电力的成本下降和稳定性提高，从而提高可再生能源的普及率。持续的技术创新对向现代、高效、低碳能源系统的最低成本转型至关重要。考虑到数据可得性，本书采用各国可再生能源研究专利数来衡量可再生能源技术的发展。

4.3.3　实证结果

OECD18国

对1995—2019年18个OECD国家的可再生能源装机容量与石油价格、人均二氧化碳排放量、可再生能源研究专利数、人均GDP关系应用双固定效应模型进行回归，模型回归结果见表4-4。

表4-4　可再生能源装机容量影响因素的双固定效应模型（1995—2019年）[1]

解释变量	系数	标准误	t 值	P 值
P	225.524	104.644	2.156	0.032**
EP	−246.571	637.644	−0.387	0.699
TECH	10.073	1.735	5.805	<0.001***
ECO	−0.599	0.175	−3.425	<0.001***

[1]注：***、**和*分别表示在1%、5%和10%的显著性水平下拒绝原假设，下同。

在5%的显著性水平下，石油价格（P）与可再生能源装机容量（REC）存在显著的正相关关系，说明可再生能源确实为化石能源的替代品，化石能源的价格变化影响着可再生能源的发展。随着石油价格的上升，成本提高，国家和企业都会减少石油的消费比重，增加可再生能源的消费。环境压力（EP）并非影响这些国家可再生能源消费的主要因素。衡量技术进步（TECH）的可再生能源研究专利数与可再生能源装机容量（REC）呈现显著的正相关关系。国家在可再生能源研发中技术投入越多，相关技术发展越快，进而可再生能源消费越高。衡量经济发展（ECO）的人均GDP与可再生能源装机容量（REC）呈现显著的负相关关系，但回归系数较小，说明经济发展水平并没有显著地促进可再生能源的研发和投入使用，反而呈负相关。原因在于OECD国均为经济相对发达、人民生活水平较高的国家，人均GDP长期处在一个较为稳定的水平，近年由于可再生能源发展迅速，但人均GDP却没有明显的增长趋势，因此形成了回归系数较小的负相关关系。同时，这些国家都有充足稳定的资金投入可再生能源的研发、生产、使用的过程，经济不会制约可再生能源的发展，技术进步才是可再生能源加速发展的主要因素。

中国

类似于对OECD18国的分析，对中国的可再生能源装机容量与石油价格、人均二氧化碳排放量、可再生能源研究专利数、人均GDP之间的关系进行线性回归，探究中国可再生能源装机容量与石油价格之间的关系（见表4-5），并分析我国可再生能源消费的影响机制与发达国家的区别。

表4-5　　　　中国可再生能源装机容量影响因素模型（石油价格）

解释变量	系数	标准误	t值	P值
P	−564.6	121.4	−4.653	0.002***
EP	−15 620	5 393	−2.896	0.008***
TECH	55.74	18.76	2.971	0.007***
ECO	0.7831	0.06095	12.849	<0.001***

在中国，可再生能源装机容量（REC）和石油价格（P）、衡量环境压力（EP）的人均二氧化碳排放量呈现显著的负相关关系。与OECD国家不同，我国石油价格

受宏观调控的影响较大，石油价格经历了从政府定价到政府定价与市场定价相结合的转变过程，随着我国可再生能源装机容量的增加，石油价格却呈现相对稳定的态势。

衡量技术进步（TECH）的可再生能源研究专利数与可再生能源装机容量（REC）呈现显著的正相关关系，说明目前技术因素在我国可再生能源的发展过程中促进作用较大，随着我国可再生能源原创性技术的增加，我国的可再生能源消费也能进一步增加，技术突破是我国可再生能源发展的重要增长点。

衡量经济发展（ECO）的人均GDP与可再生能源装机容量（REC）呈现显著的正相关关系，说明我国经济增长仍能影响可再生能源消费的增长。一方面是由于我国可再生能源相较于18个OECD国家发展较晚，我国的人均GDP与可再生能源装机容量都呈现快速增长的趋势。另一方面是由于随着我国经济实力的增强，可再生能源投入增加，拉动了可再生能源的消费增长。

和发达国家对比可知，对18个OECD国家而言，技术突破是拉动可再生能源发展的主要因素，而技术进步和经济发展是影响我国可再生能源快速发展的主要因素。

由于我国化石能源的消费以煤炭为主，煤炭消费占我国能源消费总量的一半以上，进一步关注煤炭价格的变化对可再生能源装机容量的影响，能够证实化石能源价格变动对可再生能源发展的影响。将上述分析中的石油价格替换为煤炭价格进行回归分析，结果显示，煤炭价格的上升会抑制可再生能源装机容量的上升，得出的结论与对石油价格进行回归结论相同，具体见表4-6。

表4-6　　　　中国可再生能源装机容量影响因素模型（煤炭价格）

解释变量	系数	标准误	t值	P值
P	−601	131.9	−4.555	<0.001***
EP	−14 160	6 046	−2.341	0.032**
TECH	87.72	20.55	4.27	<0.001***
ECO	0.7259	0.0675	10.754	<0.001***

为进一步探究我国可再生能源保障政策的实施对可再生能源发展的促进作用，以 2012 年为分界点设置虚拟变量（POL）。党的十八大以来，随着新发展理念的贯彻，供给侧结构性改革的深入推进，产业结构和能源结构的调整，出台了一系列促进可再生能源发展的保障措施。因此虚拟变量的值在 1995—2012 年设置为 0，2013—2019 年设置为 1。与前文中使用相同的控制变量组，以石油价格作为核心解释变量进行回归分析，回归结果见表4-7。

表4-7 中国可再生能源装机容量影响因素（政策因素）

解释变量	系数	标准误	t 值	P 值
P	−87.73	143.1	−0.613	0.547
EP	−18 570	8 257	−2.249	0.036**
TECH	98.52	29.76	3.311	0.004***
ECO	0.6504	0.1125	5.779	<0.001***
POL	27 970	13 480	2.075	0.052*

在 10% 的显著性水平下，政策要素确实推动了可再生能源的发展，说明自党的十八大和各项保障可再生能源发展的政策颁布以来，我国可再生能源装机容量较之前有较大幅度的进步。可再生能源的政策扶持也能为可再生能源的发展创造机遇。同时，由于国家大力扶持可再生能源的发展，尽管化石能源存在价格波动，我国的可再生能源都能保持稳定增长的态势。

4.3.4 研究结论与政策启示

通过双固定效应模型对 18 个 OECD 国家的面板数据进行分析，研究结果表明：OECD 国家的可再生能源发展受到石油价格明显的正向影响，市场机制在可再生能源的发展中发挥了很大作用。同时相比于环境压力、经济发展和技术进步，石油价格的影响更加明显，市场机制在可再生能源的发展中发挥了很大作用，由于化石能源与可再生能源的部分替代性，石油价格上升会导致可再生能源的消费量增加，这一影响机制要显著强于其他因素。中国的化石能源价格与可再生能源装机容量呈现显著的负相关关系，中国煤炭价格显著地阻碍了可再生能源的发展。可能原因为我国的电力价格主要由国家宏观调控而非市场运营，化石能源价格很难通过影响电力价格从而显著地影响可再生能源的发展。技术进步是影响可再生能源发展的主要因素。技术进步通过降低可再生能源的使用成本，增加比较优势，进一步推动可再生能源替代化石能源的进程。我国可再生能源的装机容量显著地受到技术进步、经济发展、政策因素的正向影响。可再生能源原创性专利的产出、可再生能源投资的增加、与可再生能源发展相关的政策推动力度的加大都能显著带动我国可再生能源的发展。

在中国式现代化的道路上，能源是不可忽视的重要议题。无论是考虑到减缓全球气候变暖的中国责任还是本国能源的安全与供应问题，可再生能源都有其不可替代的关键意义。然而，中国的可再生能源发展存在过度依赖政策推动与补贴、受化石能源市场价格负向影响等问题。结合我国的电价制度，导致这些问题的深层原因可能为可再生能源发电成本无法顺利向下游消费侧传导，市场价格信号不能有效形成。政府政策（例如针对可再生能源的补贴）在长期终究会"退坡"，而在补贴政策退出后不完善的电力市场无疑会阻碍中国可再生能源的长期高效发展。因此，本书针对这些问题提出以下政策建议：

（1）明确用户侧承担绿色转型责任，推进能源消费侧绿色革命。在电力市场竞争中可再生能源并不具备优势，可再生能源的完全价值需要绿色机制的健全才能得以体现。针对各类绿色制度现存问题，建议加快明确用户侧承担绿色转型责任以驱动全社会绿色需求扩大，优化配套能源制度，为可再生能源发展打通路径，深入推进能源消费侧绿色革命。

（2）进一步完善绿色电力证书制度，推广绿证绿电交易。绿色电力证书是可再生能源发电企业所发绿色电力的"电子身份证"，是可再生能源电力绿色属性的证明，也是认定可再生能源生产、消费的唯一凭证。发电企业通过出售绿证获取绿色电力的环境价值收益，电力用户通过购买并持有绿证证明其消费绿色电力。通过绿证的发放和交易，可以更多地利用市场力量来推动可再生能源的发展。因此，本书建议进一步完善绿色电力证书制度，明确绿证的权威性、唯一性、通用性和主导性，拓展绿证核发范围，推广绿证绿电交易，引导绿色电力消费，为促进可再生能源开发利用，推动全社会更好消费绿色电力发挥更大的作用。

（3）充分发挥技术因素在可再生能源发展中的作用。无论是对发展程度较高的OECD 国家，还是对走在现代化道路上的中国，技术进步始终对可再生能源发展起到推动作用。因此，建议通过完善专利保护机制、支持可再生能源新技术产业化等方式充分发挥技术因素在可再生能源发展中的作用。

第 4 节　国际政策对我国"双碳"目标实现的影响

4.4.1　欧盟碳边境调节机制

政策设计

国际政策尤其是涉及气候变化与贸易的相关政策对我国"双碳"目标的实现存在影响，最典型的政策如欧盟碳边境调节机制（Carbon Border Adjustment Mechanism，CBAM）。2023 年 4 月 25 日，欧盟理事会投票通过了 CBAM。欧盟理事会的投票通过意味着，在经过近两年的多方谈判后，CBAM 正式通过整个立法程序，并将于 2023 年 10 月启动、2026 年正式实施、2034 年全面运行。2023 年 5 月 16 日，欧盟碳边境调节机制法规案文被正式发布在《欧盟官方公报》（Official Journal of the European Union）上，标志着 CBAM 正式走完所有立法程序，成为欧盟法律。CBAM的基本流程如下：

当欧盟进口商进口境外地区所生产的 CBAM 覆盖范围内的产品时，如果产品是按照欧盟的碳定价规则生产的，将按照这一规则对产品的隐含碳进行定价，并购买与之相对应的 CBAM 证书；如果不是按照欧盟的碳定价规则生产的，生产商需要证明商品的隐含碳含量，由进口商购买CBAM证书，若无法证明，进口商将基于默认值（这一数值取决于欧盟同类产品最高排放的10%）购买CBAM证书。此外，在非欧盟生产商能够证明它们已经在第三国为进口商品生产中使用的碳支付了价格的前提下，欧盟进口商就可以在购买CBAM证书时得到优惠，免于支付生产商已经支付过的碳价格。在行业范围上，CBAM涵盖水泥、钢铁、铝、化肥、发电、氢六个行业，并计划最终扩展到EU ETS涵盖的全部领域。在地理范围上，CBAM适用于EU ETS未覆盖的区域，即欧盟27国、冰岛、列支敦士登、挪威、瑞士和五个欧盟海外领地外的所有国家和地区。对温室气体，CBAM将二氧化碳（CO_2）、一氧化二氮（N_2O）和全氟化物（PFCs）纳入核算，同时，针对钢铁、铝、氢三大行业核算直接排放，而针对水泥、化肥、电力三大行业，在特定情况下，在直接排放的基础上还包含了使用外购电力的间接排放。

实施原因

虽然欧盟指出CBAM是为了防止碳泄露，但国际社会认为欧盟也存在贸易保护与巩固气候治理话语权的考虑。欧盟CBAM的实施原因可归纳为防止碳泄露的直接原因，保护产业竞争力的间接原因，以及巩固气候治理话语权的根本原因。

（1）直接原因：防止碳泄露

《欧洲绿色新政》和CBAM法案中明确提出，为降低碳泄露的风险，需要建立碳边境调节机制，这是CBAM设立的直接原因。在欧盟的2030年新气候目标背景下，欧洲审计法院认为EU ETS用于防止碳泄露的免费碳配额没有提供足够的减排激励，因此建议减少免费碳配额，在防止碳泄露方面CBAM被视为对免费碳配额的合理替代。尽管CBAM会对已支付的碳价进行抵扣，但这却忽略了全球减排成本的不一致，强行将EU ETS碳价外延，带来了不必要的额外成本。例如，2023年5月广州碳市场的GDEA交易价格在85元人民币/吨波动，而同期的EU ETS的EUA期货价格超过了85欧元/吨。

（2）间接原因：保护产业竞争力

EU ETS第四阶段上涨的碳价提升了欧盟境内企业生产成本，如果不继续对欧盟境内企业保持免费配额,欧盟境内企业商品竞争力可能会下降[202]。《欧洲绿色新政》也提及欧盟产品会受到碳密集进口产品的替代。欧盟生产商在低碳技术上具有先发的技术优势,CBAM 以欧盟标准进行环境规制会加重境外国家企业的生产成本,以 CBAM 替代免费配额起到了间接保护欧盟产业竞争力的作用。欧盟认为 CBAM 和 EU ETS 的一致性使得进口产品获得不低于欧盟国内生产产品的待遇,但欧盟委员会 2019/708 决议中的碳泄露部门大于 EU ETS 覆盖范围,而同时 CBAM 立法公告第 39 条以欧盟未来的氢需求增加为理由预防性地将氢纳入了 CBAM,这违反了 WTO "非歧视待遇" 原则。目前的 CBAM 机制中保留了 2026—2030 年 CBAM 实施期间对欧盟内企业的 EU ETS 免费配额,事实上是对欧盟企业提供双重保护。

(3) 根本原因:气候治理话语权的巩固与欧盟标准的全球输出

欧盟长期将自己视为气候变化领域的领导者,认为气候变化作为全球问题需要全球性的解决方案。欧盟具有成熟的碳定价机制以及完善的碳排放权交易市场。欧盟 CBAM 机制的实质是通过对进口产品隐含碳排放进行定价,将 EU ETS 扩展到世界其他地区。CBAM 立法公告第 54 条提出能源共同体国家最终采用与 EU ETS 类似的碳定价机制或加入 EU ETS,而第 72 条明确提出欧盟希望建立一个 "气候俱乐部",为全球碳定价铺平道路。通过 CBAM,欧盟希望实现气候治理话语权的巩固与欧盟标准全球输出的战略意图。

政策影响

中国作为欧盟的重要贸易伙伴以及碳排放最多的国家,势必会受到 CBAM 政策的直接影响,我们将已有研究的政策影响归纳为短期的经济影响与环境影响以及可能的长期影响。

在经济影响方面,中金研究院发布的《欧盟碳边境调节机制对中国经济和全球碳减排影响的量化分析》采用全球多区域投入产出(MRIO)模型对欧盟 CBAM 的关税等价税率进行了测算,应用可计算一般均衡(CGE)模型对我国经济可能受到的冲击进行了分析[203]。研究有如下发现:CBAM 对中国贸易影响有限,对中国总出口的整体冲击约为-0.3%。以 2019 年为基准年，欧盟实施 CBAM 后，中国对欧盟出口额将下降 6.9%，为 275 亿美元；由于经济体量大且对欧出口会分流到其他国家和地区，对中国总出口的整体冲击约为-0.3%，为 74 亿美元。CBAM 对中国的行业总产出影响较小，且主要集中在能源密集型和资源密集型行业。中国各行业中，产出下降幅度最大的三个行业依次是家具等其他制造业（0.28%）、金属制品（0.17%）、非金属矿物制品（0.17%），产值下降最大的三个行业依次是机械设备、金属制品、服务业。经过 CBAM 的关税等价税率测算，中国向欧盟出口商品的平均关税税率将上升 4.5 个百分点。其中中国对欧盟出口最多的机械设备、纺织、石油化工三类产品的关税税率将分别提升 4.3、2.8、5.7 个百分点。与此同时，2019 年中国商品出口到欧盟的平均税率为 3.5%。欧盟对中国征收的关税税率的提升水平见表4-8。

表4-8　　　　　　　　欧盟对中国征收的关税税率的提升水平

商品种类	税率提升	商品种类	税率提升
农林牧渔	1.80%	金属制品	9.30%
采矿业	4.00%	机械设备	4.30%
食品饮料	2.20%	交通设备	3.70%
纺织业	2.80%	家具等其他制造业	6.60%
木材制造	3.10%	电力	34.40%
造纸业	4.10%	建筑业	6.00%
石化行业	5.70%	交通运输业	6.20%
非金属矿物制品	5.20%	服务业	1.50%
平均税率	4.50%		

资料来源：亚洲开发银行MRIO数据库，中金研究院测算。

龙凤等（2022）对相关研究做了总结后发现，CBAM 对我国经济的影响主要有三个方面[204]：碳密集行业受到国际市场竞争挤压，促使贸易体系和产业格局发生变化，加快了中国碳价上涨，缩小了与欧盟碳价差距。最后得出结论，欧盟 CBAM 短期会削弱中国钢铁、铝等高碳密集型行业的出口竞争力；长远来看，随着中国"双碳"目标的推进，经济的低碳转型加速，CBAM 对中国的影响将逐步减弱。汪惠青等（2022）的研究表明，在 CBAM 下，我国需要支付的碳关税不足对欧出口总额的 1%，整体影响较小，主要由钢铁行业和铝行业承担。钢铁行业需支付的碳关税占对欧出口额的 11%~12%，铝行业需支付的碳关税占对欧出口额的 29%~33%[205]。碳边境调节机制造成的关税成本，会削弱我国钢铁行业和铝行业企业在欧盟市场的竞争力。曾桉等（2022）则认为，根据已有评估研究，CBAM 实施主要对我国钢铁行业对欧出口产生影响，对铝、化肥、水泥、电力行业影响相对较小[206]。

在环境影响方面，整体结果是对减少全球碳排放影响较小，且可能会打击发展中国家减碳积极性。中金研究院研究结果表明[203]，CBAM 仅能小幅减少欧盟地区的碳排放和碳泄露，对全球减排几乎没有促进作用。基于消费法核算，CBAM 能帮助欧盟减少 1.0 亿吨的碳排放，占欧盟基准情景碳排放量的 2.8%；帮助欧盟减少碳泄露量 0.9 亿吨，占当前欧盟碳泄露量的 13.6%。但从全球范围来看，全球总碳排放下降幅度仅有 0.3%。若在全球视角下计算 CBAM 的真实实施成本，应将实施 CBAM 前后，全球 GDP 的下降值除以全球碳排放的减少量，得到欧盟 CBAM 在全球意义上的减排成本，约为 88 美元/吨二氧化碳，为 EU ETS2022 年四月份碳价水平的 1.6 倍。曾桉等人（2022）的研究则对 CBAM 对我国出口隐含碳的影响进行了研究[206]，结果表明，CBAM 会在一定程度上加速我国的碳排放量减少，在 30 美元/吨、45 美元/吨和 60 美元/吨三种不同的碳价情景下，我国碳排放将分别减少 2 163 万吨、3 234 万吨和 4 326 万吨。其中，约四分之三的减排量来自钢铁行业，分别为 1 670 万吨、2 500 万吨和 3 340 万吨，分别占钢铁行业碳排放总量的 0.89%、1.33% 和 1.78%；约四分之一的减排量来自铝业，分别为 490 万吨、730 万吨和 980 万吨，分别占铝业碳排放总量的 1.19%、1.78% 和 2.38%。如果考虑国内需求的补偿作用和向其他国家的贸易分流，出口贸易和碳排放的变化量都会进一步减少。

欧盟"碳关税"也将间接影响到我国电力市场，主要表现为促进绿色电力的消费，推动新型电力系统的建设[207]。根据规则，"碳关税"管控排放主体的直接排放和间接排放，其中间接排放主要来源于外购电力的排放。"碳关税"的执行迫使出口企业核算自身碳排放量，对工业企业来说，较大一部分排放来自外购电力，对于这部分排放，企业可以通过购买绿电来予以替代，从而实现间接排放的零碳化。目前，我国"碳电"联动的机制尚处于摸索当中，企业通过购买绿电是否能在碳市场当中予以认可，还需要制度支撑。同时，也应加强同欧盟交流，对碳排放数据核证边界进行政策互认，降低政策对出口企业的冲击。

然而就长期来看，欧盟CBAM的实施范围有可能会扩大，不论是CBAM行业覆盖还是排放范围的扩大都会造成显著影响。在排放范围覆盖上，当前中国对欧大量出口机电产品等终端复合产品以及纺织品，此类产品间接排放较高，若CBAM进一步覆盖到间接排放，将对中国机电产品出口产生较大影响。未来CBAM也有可能具有一定的正面影响。在中国的碳达峰碳中和目标背景下，中国的能源结构与工业排放在不断发生动态变化，在CBAM能够满足WTO国民待遇的前提下，如果中国的出口行业能够在碳减排方面领先其他国家，CBAM有可能转化为中国出口行业的局部竞争优势。就当前来看，尽管欧盟CBAM的短期影响不大，但CBAM作为一项欧盟的单边气候政策，会造成更多深层次的影响。在完成法律与执行框架的构建后，欧盟能够根据自身需要和形势发展变化较为便利地对CBAM的具体细节如覆盖更多行业或碳排放边界等进行调整，以进一步保护国内产业与巩固气候变化话语权。当前的短期影响评估基于现有的实施方案，尽管CBAM的短期影响较小，但我们仍需要未雨绸缪，保持对政策的关注与长期研究。

应对措施

CBAM政策作为欧盟的单边气候政策，随时会根据欧盟的气候诉求与形势变化进行调整，未来的覆盖范围可能进一步扩大，因此有必要坚持对CBAM政策的动态追踪，及时研判政策影响。需要具体关注 CBAM 扩大覆盖的产品与地区范围、碳排放边界的确定与已支付碳价的扣除等方面。

欧盟 CBAM 作为外部政策在未来会影响中国的产业发展。要坚定不移推进中国的低碳发展以及"3060"碳达峰碳中和目标的实现，应因势利导，合理利用政策手段引导国内企业投资低碳设施、提升绿色化生产水平、减少直接碳排放，进一步推进能源结构转型减少间接碳排放，并完善生产贸易的隐含碳核算，要从根本上推动化学工业企业特别是"两高一资"出口型企业的低碳转型，降低生产商品的碳排放，同时要进一步推动非能源密集型行业尤其是高新技术企业与服务业发展以及能源结构转型，进一步提高国内企业低碳竞争力。要加强与欧盟的对话协商，加深双方的理解，寻求绿色技术投资，推进贸易隐含碳核算的互信互认，探索中国碳市场与 EU ETS 的可能合作空间。坚持气候问题与贸易问题不能混谈，贸易争端需要通过谈判解决，必要时考虑在 WTO 框架内实施对等的贸易反制措施，从而进一步保障国家利益。

4.4.2 通胀削减法案

政策设计

鉴于当前的国际气候治理格局，美国政府明确提出，计划加强财政投入以促进低碳产业发展，推动工业绿色转型，并推出《通胀削减法案》。2022 年 8 月 16 日美国总统拜登在白宫签署《通胀削减法案》，这是美国有史以来颁布的最重要的法律之一。2023 年 4 月 12 日，美国环境保护署（EPA）针对机动车提出史上最严碳排放控制要求，即提议汽车制造商到 2030 年所生产的机动车 60% 将为电动汽车，到 2032 年为 67%，而 2022 年美国出售的电动汽车仅占全部汽车销售量的 5.8%。2023 年 4 月 17 日，美国政府发布了《通胀削减法案》细则，公布了可以获得补贴的电动汽车名单。

《通胀削减法案》是一部旨在削减美国通货膨胀的政策性法案，内容包括对美国本土新能源产业进行投资与补贴，鼓励企业在美国国内采购关键物资，吸引制造业回流，降低医疗保健成本等。其中的部分内容旨在通过税收优惠和补贴促进美国本土的电动车制造和供应链发展。该立法拨款 3 690 亿美元用于能源安全和气候投资，旨在到 2030 年将碳排放量减少 40%。

实施原因

《通胀削减法案》属经济法案，提出的原因主要是为了应对俄乌冲突和新冠疫情的不利影响、促进经济发展、提升产业竞争力。这项法案涉及税收、医保、气候和能源等领域内容，规模达数千亿美元。但该法案抗击通胀的实际作用却饱受质疑。美国政府签署该法案的原因可归纳为振兴美国实体产业的直接原因以及解决本土高通胀问题的根本原因。

（1）直接原因：振兴美国实体产业

过去 10 多年来，得益于中国超大规模市场和较完整的工业制造体系，光伏、风电和新能源汽车等绿色新赛道产业研发与制造成本大幅下降，中国向全球提供了质优价廉的绿色低碳产品。遗憾的是，当前欧美国家罔顾中国在全球经济绿色低碳转型进程中的重大贡献，以强化本土光伏、风电、新能源汽车产业为由头，屡屡向中国优势制造业发难。无论是打着重振实体经济的旗号，还是冠以坚定战略自主的说辞，都遮掩不住西方国家贸易保护主义抬头的企图，也无法掩盖其围堵中国光伏、风电、新能源汽车等优势制造业的阴谋。

（2）根本原因：解决本土高通胀问题

在新冠疫情开始流行之后，通货膨胀迅速成为美国面临的最大经济问题，同时美国贫富不均的现实问题更加凸显，迫切需要通过税制改革扭转不平等趋势[208]。根据《通胀削减法案》，未来 10 年，美国联邦政府将在气候和清洁能源领域投资约 3 700 亿美元；在医疗保健领域投入约 640 亿美元，以降低处方药价格、强化医疗保障。法案包括对部分大企业征收 15% 最低税等内容，致力于在未来 10 年内创造近 7 400 亿美元财政收入。民主党援引国会税收和预算办公室的分析认为，该法案将使联邦赤字削减 3 000 多亿美元。这份长达 700 多页的法案旨在降低政府赤字、应对高通胀等经济问题，被一些美国政客称为"近 10 年来最重要的立法之一"。白宫方面称，这项历史性的法案将降低美国家庭的能源、处方药和其他医疗保健成本，助力应对气候危机、减少赤字，并使大型公司缴纳"公平份额的税额"[209]。

政策影响

美国《通胀削减法案》的政策影响力不仅限于美国国内，势必对包括我国在内的主要经济体产生影响。我们将已有研究的政策影响归纳为经济影响与环境影响。

在经济影响方面，《通胀削减法案》为美国本土制造的部分清洁能源和电动汽车供应链设立了先进制造业生产信贷；为电动汽车提供税收抵免，但要求车辆必须在北美组装，汽车电池中至少40%的金属原料和矿物（如锂和钴）须在美国或者与美国签署自由贸易协定的国家开采、提炼；法案涉及的生产税收抵免所提供的金额是一种数量级的增长，以电池厂为例，制造商可获得每千瓦时45美元的产出补贴，相当于目前电池成本的30%左右。此外，这项法案强化了绿色金融的激励作用，将新能源汽车信贷扩大为清洁汽车信贷，取消了每个制造商销售合格车辆20万辆的上限；为在美国制造某些可再生能源发电部件、电池部件和关键矿物设立了先进制造业生产信贷，对符合现行工资和学徒要求以及国内含量要求的设施提高信贷率。

该法案强化了对本土新能源产品的支持力度，对进口同类产品构成了歧视，逆经济全球化的意图明显，将对中国光伏、风电、锂电池、新能源汽车等优势产业出口美国造成一定冲击。

在环境影响方面，2023年2月14日，美国环境保护署宣布依据《通胀削减法案》设立温室气体减排基金指南，并发布了两份联邦援助清单，投资金额接近270亿美元，以利用私人资本在全国范围内进行清洁能源和清洁空气投资；EPA将设立两个竞争性基金来分配相关经费，一项价值200亿美元的普通和低收入人群援助基金和一项价值70亿美元的零排放技术基金。据普林斯顿大学分析，《通胀削减法案》可在2030年将美国温室气体排放减少大约10亿吨，并在10年内（2023—2032

年）累计减少温室气体排放 63 亿吨二氧化碳当量。美国行政管理和预算局的分析
表明，到 2050 年，《通胀削减法案》将降低气候变化所导致的社会成本 1.9 万亿
美元。

应对措施

虽然推行《通胀削减法案》的各项政策饱受争议，但该法案的影响仍然需要我
国高度关注，并做好积极的应对准备，因此有必要坚持对该法案的动态追踪，及时
研判政策影响。

第一，升级产业链供应链。近年来，中美合作空间逐渐收窄，贸易战、科技封
锁已波及能源转型与绿色发展领域，在一定程度上动摇了中美气候变化合作的根
基。美国《通胀削减法案》强调"美国制造"以减少制造业对外依赖；同期出台的
《芯片与科学法案》则旨在增强美国在芯片领域的优势，在该领域展开不公平竞
争，从而影响半导体产业的全球贸易格局，阻碍全球经济复苏和创新增长[208]。但
不可否认，中美两国在清洁技术、行业标准方面均处于领先地位，可以互补支持，
应该用好中美高层对话等双边机制，寻求双方在环境与气候治理方面合作的最大公
约数[210]。

第二，加快清洁能源发展。美国《通胀削减法案》中有关清洁能源和应对气
候变化的政策有较强外溢性，将加大主要经济体在能源转型方面的竞争。目前，
我国在能源转型和环保领域的发展和投入增长较快，2021 年全球能源转型投资超
过 7 500 亿美元，中国所占份额约为 35%，比美国投资规模多 1 520 亿美元。美国
此次加大清洁能源领域的投资，将在一定程度上弥补与中国之间的差距，使各国在
清洁能源领域中的竞争更加激烈。我国作为制造业大国和能源消费大国，应着眼于
未来，积极推动清洁能源领域发展，持续开展国外主要经济体"双碳"政策动向的
跟踪分析，及时构筑相关预警机制以应对来自欧美"双碳"领域的严峻挑战，通过
财政补贴、税收优惠、贴息贷款等方式，大力扶持清洁能源上下游产业链发展，打
造全产业链优势，不断提升清洁能源产业的国际竞争力[208]。

4.4.3 净零工业法案

政策设计

美国《通胀削减法案》的出台在国际上掀起了一场清洁能源产业补贴竞赛。2023 年 2 月 1 日，欧盟委员会正式提出欧盟绿色工业计划（The Green Deal Industrial Plan），将从现有的欧盟基金中拨出 2 500 亿欧元用于工业绿色转型，并支持各成员国加速工业脱碳，包括为投资零碳技术的企业提供税收减免。2023 年 3 月 16 日，欧盟委员会公布《净零工业法案》，核心目标是：到 2030 年，战略净零技术的本土制造能力接近或达到欧盟年度部署需求的 40%。该法案是欧盟绿色协议工业计划的一部分。欧盟委员会认为，《净零工业法案》能够为设立清洁技术项目和吸引投资创造更好的条件，提高欧盟清洁技术制造的竞争力，以帮助欧盟实现清洁能源转型目标。

《净零工业法案》确认了八项能对欧盟清洁能源转型做出显著贡献的战略净零技术，包括太阳能光伏、陆上风能、电池/储能技术、热泵等。除了上述战略净零技术，《净零工业法案》还将可持续替代燃料技术和先进核工艺等纳入净零技术范畴。根据《净零工业法案》，到 2030 年，欧盟本土光伏制造装机能力将至少达 30 吉瓦；风机和热泵的制造能力至少分别达 36 吉瓦和 31 吉瓦；电池制造的能力至少达 550 吉瓦时，力图满足欧盟年需求的近 90%；电解槽制氢总装机容量至少达 100 吉瓦[211]。

实施原因

净零技术是当前全球主要经济体围绕地缘战略利益争夺的重点，处于全球技术竞赛的核心。净零技术不仅自身属于绿色发展的范畴，同时对能源密集型工业绿色转型（工业脱碳和实现气候中和目标）也至关重要。欧盟《净零工业法案》的实施原因可归纳为技术制造对外依存度较高的直接原因，以及保护自身竞争力的间接原因。

（1）直接原因：欧盟净零技术制造对外依存度较高

俄乌冲突强化了欧盟能源和工业应对气候转型的迫切需求。《净零工业法案》和之前发布的《循环经济行动法案》确立了欧盟工业向净零转型的框架。但在当前欧盟最为关注的五大净零技术中，除了风能（风力涡轮机）和热泵外，欧盟在太阳能（光伏）、电池（新能源）和电解槽领域的产业竞争力稍显不足。

风力涡轮机和热泵是欧盟企业制造能力较为突出的领域。当前，欧盟制造的风力涡轮机占据欧盟市场的85%、全球市场的31%，热泵产品占据欧盟市场的60%、全球市场的15%，但风力涡轮机的主要原材料稀土矿严重依赖从第三国进口，而近年来其在热泵产品方面的竞争力则面临进口快速增长的威胁。在太阳能领域，欧盟生产商占欧盟市场的比重不到10%，且其生产严重依赖来自第三国的光伏组件，而晶圆和太阳能玻璃的制造几乎完全空白。在电池领域，尽管当前欧盟生产商提供了其市场需求的54%，但电池生产严重依赖来自第三国的锂矿开采和冶炼。电解槽是新兴领域，欧盟扩大电解槽技术制造能力的原材料严重依赖从第三国的进口。

（2）间接原因：保护产业竞争力

当前，主要经济体不断加大对净零技术发展的投入。美国的《通胀削减法案》旨在至2032年的10年内投入3 690亿美元补贴，支持美国生产电动汽车和电池。2022年8月至2023年3月，在《通胀削减法案》的带动下，全球主要电动汽车和电池生产商已经在北美地区（主要是美国）投入520亿美元，用于电动汽车供应链的生产。日本则决定在未来10年发行20万亿日元（约1 500亿美元）的绿色转型债券，支持清洁能源技术发展。

欧盟的方案旨在为欧盟实施净零项目和吸引投资创造更好的条件，扩大欧盟清洁技术的制造规模，增强欧盟自身净零排放技术制造业的韧性和竞争力，确保欧盟在全球清洁能源转型方面的引领者地位。

政策影响

《净零工业法案》公布前一天，中国光伏板块遭遇了集体大跳水。这也意味着，该法案势必会对中国光伏、风能和电池产业出口造成影响。我们将已有研究的政策影响归纳为短期的经济影响与长期的环境影响。

在经济影响方面,《净零工业法案》尚处于草案阶段,须经欧洲议会和欧盟理事会进一步讨论商定,才能正式通过并生效。因此,短期内,欧洲市场仍将一直依赖从中国进口光伏产品。欧盟将通过国家资金、欧盟资金和私人资金等方式支持欧盟战略性"净零"生产项目,对战略清洁技术价值链中的生产设施提供有针对性的援助,以应对外国补贴诱发的工厂搬迁风险;中期,欧盟委员会将设立欧洲主权基金,旨在保持欧洲在绿色和数字化转型等新兴关键领域的优势,并维护欧盟成员国的凝聚力及欧盟单一市场的公平机制。

在环境影响方面,欧盟《净零工业法案》的提出,将通过多种政策组合大幅提升光伏、风电、电池、电解槽、热泵、智能电网、碳捕集与封存等战略性净零技术的本土制造能力。在 2023 年秋季在创新基金下启动首批可再生氢能试点拍卖,专项预算为 8 亿欧元,资金将以每公斤生产氢气的固定溢价形式分配,向氢气生产商提供补贴,最长期限为 10 年,这将是欧洲氢能银行的第一个金融工具。

为促进欧洲工业领域的创新,《净零工业法案》提出成员国可在灵活的监管条件下建立净零技术监管沙盒(Net-Zero Regulatory Sandbox),以保障在有限的时间内和在受控环境中测试创新的净零排放技术。属于净零技术监管沙盒范畴的创新技术,通常是那些对实现欧盟的气候中和目标、确保欧盟能源系统的供应安全和韧性至关重要的战略技术。

应对措施

中国应汲取西方国家绿色金融和监管沙盒等机制设计经验,优化支持我国绿色低碳转型的政策工具箱。中国要加快完善绿色金融顶层设计,注重运用金融创新,引导金融资源向绿色低碳发展领域倾斜,助力制造业绿色化发展。

针对当前中国可再生能源大规模发展面临的部分地区消纳空间不足、用地用海等要素保障困难,大型风电光伏基地存在"电网等项目""项目等电网""电网等规划"等连锁问题,可借鉴欧盟激励创新和推进净零技术制造项目的监管沙盒做法,建立光伏、风电、氢能、电池材料等能源转型和绿色低碳重点建设项目优先支持清单,妥善处理好绿色能源发展战略规划等专项规划与国土空间规划的衔接,合理安排重点战略项目新增用地规模、布局和开发建设时序,在满足环境保护刚性需求的前提下积极推进战略项目落地实施[210]。

4.4.4 关键原材料法案

政策设计

近期,欧洲议会工业委员会宣布,将提高现有规定中关键金属原材料回收比例、推动废弃物回收利用更大规模发展,以确保欧盟拥有未来绿色转型所需的关键原材料。2023年3月16日,欧盟委员会通过官网正式发布《关键原材料法案》,在实现关键原材料自主可控的道路上,欧盟迈出了关键一步。该法案旨在确保欧盟获得安全和可持续的关键原材料供应,这些原材料主要包括:稀土、锂、钴、镍以及硅等。按照规划,到2030年,欧盟计划每年在内部生产至少10%的关键原材料,加工至少40%的关键原材料,回收15%的关键原材料。在任何加工阶段,来自单一第三方国家的战略原材料年消费量不应超过欧盟的65%。该法案还将简化欧盟关键原材料项目的许可程序。欧盟可以将某些新建矿山和加工厂项目命名为战略项目,被选定的战略项目将获得资金的支持和更短的许可审批时限。战略矿山项目将在24个月内获得许可证,而加工设施最迟将在12个月内得到许可证。为了确保供应链的韧性,《关键原材料法案》明确,将对关键原材料供应链进行监测,并协调成员国之间的战略原材料库存。欧盟委员会还将加强对关键原材料突破性技术的吸收和部署,并建立一个关于关键原材料的大规模技能伙伴关系和一个原材料学院,提升关键原材料供应链中与劳动力相关的技能。

实施原因

欧盟称,《关键原材料法案》旨在摆脱未来发展碳中和、数字经济等所需战略原材料对第三方国家的依赖。因此,欧盟《关键原材料法案》的实施原因可归纳为关键原材料对外依存度较高。

目前欧盟大多数关键原材料仍无法自给自足,严重依赖进口。根据德国经济研究所的一项研究，此次欧盟提出的总共 30 种关键原材料中，有 14 种 100% 依赖进口，另有 3 种进口量超过 95%。其中，98% 的稀土供应和 93% 的镁供应来自中国。根据美国地质调查局的数据，2022 年中国稀土矿产量占全球的 70%，而欧盟尚未开采任何稀土，因此几乎完全依赖进口。此外，从全球稀土储量来看，全球约 1.3 亿吨稀土中，中国占 4 400 万吨，越南、巴西和俄罗斯占据一半。鉴于目前的政治紧张局势，欧盟希望尽快实现"关键原材料安全"。

政策影响

中国作为欧盟关键原材料的重要进口国家，势必会受到《关键原材料法案》的直接影响，为此，中国应未雨绸缪，强化关键原材料战略自主，巩固自身关键原材料产业链供应链，提升在全球竞争性采购政策体系中的国际话语权。

在积极影响方面，中国是欧盟主要原材料的进口来源国和加工提炼地区。目前，中国动力电池企业已经在欧洲多国提前进行战略布局，如宁德时代已经在德国、匈牙利建立工厂，远景动力在法国、西班牙布局其电力工厂等。这些企业提前按照美国、欧盟等国际标准进行建厂、生产、加工等环节，有助于在欧盟构建可持续关键原材料价值链的过程中发挥积极作用，推动中国在关键原材料相关领域的战略自主和繁荣发展[212]。

在消极影响方面，该法案中设定了欧盟战略原材料对第三国依赖不得高于 65% 的目标，但中国当下主导着欧洲战略原材料清单上许多资源的供应链。其中，欧洲目前 93% 的镁都由中国提供，100% 的重稀土和石墨加工地也均在中国。中国在太阳能领域也占据了 85% 的欧盟市场份额。鉴于法案中设定的需求标准、供应限制和本土化自主性原则，欧盟会不同程度地减少对中国关键原材料的进口量，并且也会对战略技术领域相关的中国资本更为警惕、审核更为严格。虽然欧盟在稀土领域对中国的极度依赖是市场自然选择的结果，但此后中国企业若想继续进入或维持欧洲市场，需承担更大的出口成本，这将必然导致产品竞争力下降，严重影响中国的出口贸易格局。美欧等西方国家的投资活动经常与政治联盟挂钩，目标是确保相关产业的供应安全。单边主义、保护主义抬头，原材料领域的绿色贸易保护主义使得中国在参与西方经济体的原材料价值链的过程中受到较大限制，并且中国也会对此类行为做出条件性的回应或限制，可能会加强垄断力量和集中度，降低世界原材料市场的弹性。

应对措施

针对《关键原材料法案》对世界经济产生的外溢效应，建议中国采取以下措施，应对全球关键原材料供应链产业链的演变和格局调整。

第一，扎实推进"一带一路"能源资源合作，务实开展中俄远东开发合作。国际合作和多边主义是确保全球经济以包容和可持续的方式发展的关键。气候变化是需要更多国际合作的领域之一。2023年3月20日，联合国政府间气候变化专门委员会在瑞士正式发布的第六次评估报告的综合报告《气候变化2023》的主要结论之一是：资金、技术和国际合作是加速气候行动的关键推动因素。

"一带一路"共建国家矿产资源丰富，且都有加大矿产资源勘探开发及实现资源优势向经济优势转变的共同愿景，我国要扎实推进与其他共建国家的矿业合作，实现优势互补。近年来，中俄战略合作的广度、深度不断拓宽，特别是俄罗斯远东地区能源禀赋和关键矿产资源储量丰富，开发合作前景广阔，可为我国强链、补链提供有力战略支撑[210]。

第二，增强原材料领域的战略自主性和供应安全。中国是稀土资源最为丰富的国家，稀土储量和产量均居世界首位，在该领域具有极大的产能优势，但石油、钴、铜和铝等矿产资源的产量较小，进口依赖度较高，且来源国单一，容易引起供应安全风险、核心技术"卡脖子"风险，存在矿产资源开采过程中的人权、劳工、环境问题，以及促进资源国的经济发展和能力建设问题。针对原材料领域存在的现实困境，应增强自主可控能力，发掘有潜力的大型矿区，包括战略矿产、稀有矿产和可替代性矿产，落实勘探矿区的资金支持，促进矿产供应链上下游企业责任共担、联合行动，将各方资源真正用于解决矿业及矿产供应链存在的问题，实现矿业开发及矿产供应链的持续改进和可持续发展。结合产品用途、未来需求、可替代性等指标，扩大中国的原材料战略储备和种类，进一步保障原材料领域的供应链安全，加强国内资源的回收和循环利用，实现可持续性发展[212]。

第5章　可再生能源综合评估模型

第1节　综合评估模型研究综述

综合评估模型（Integrated Assessment Model，IAM）是将经济系统和气候系统整合在一个框架里的模型，是评价气候政策最主流的分析工具。

5.1.1　综合评估模型发展进程

综合评估模型起源于20世纪60年代对全球环境问题的研究。随着全球环境污染事件频发，环境的退化引起了部分地区研究者的重视，之后《增长的极限》一书出版，敲响了环境保护的警钟，人类的视线开始从地方污染向全球环境转变。解决全球环境问题，涉及政治、经济、环境甚至道德等因素，需要综合从自然科学到社会人文科学等学科的科学见解，对相关问题进行系统分析，因此引进了"综合评估"，并开发了作为核心工具的跨多学科的大规模仿真模型——综合评估模型。Nordhaus将经济系统与生态系统整合在一个模型框架里，来评价气候政策，标志着气候变化综合评估模型的发端，动态综合气候与经济（DICE）模型[213]，也是最早的IAM模型之一。此后，气候变化综合评估模型取得了长远的发展，并在气候政策制定中发挥了重要的作用，例如IAM为《京都议定书》（1997年）的签订及后续工作提供了重要支持，还为IPCC的工作发挥了重要的"锚定"功能，IAM成为分析温室气体缓释的主要工具。

5.1.2 综合评估模型方法概述

IAM虽然不能为决策者直接提供一条处理气候变化的路径或策略，但可以通过快速估计不同政策可能对全球气候造成的影响，来为决策者的政策选择提供依据。综合评估模型通常以成本效益分析为基础，通过引入气候变化的减排成本函数和损失函数，最大化贴现后的社会福利函数，从而找到最优的减排成本路径。

在利用综合评估模型对气候政策进行评估时，一般包括六步：①在基准情景（BAU）以及各种不同的减排情景下预测未来可能的温室气体排放情况；②根据温室气体浓度变化估算出全球或者区域的平均温度变化；③估算温升带来的经济和福利损失；④估算温室气体的减排成本；⑤根据社会效用估算减排带来的效益；⑥分析比较减排成本和减排带来的效益。

随着气候变化综合评估模型的发展，国内外学者们开发了许多模型，如Nord-haus的DICE模型[213]、RICE模型，Peck和Teisberg的CETA模型[213]以及Stern的PAGE模型[214]。气候政策建模领域所使用的模型方法种类繁多，如最优化模型、可计算一般均衡模型、模拟模型、统计学模型、生命周期模型、随机模型、投入产出模型、行为模型、模糊理论模型、博弈论模型、元分析模型、数据包络分析模型等，其中气候变化综合评估模型最常用的方法是最优化模型、可计算一般均衡模型和模拟模型。

最优化模型

环境气候领域存在许多最优化问题，如温室气体减排成本最小化、减排效益最大化、碳税的优化等。根据目标函数的不同，最优化模型可以分为福利最大化模型和成本最小化模型，如DICE、RICE、FUND等模型都是福利最大化模型，GET-LFL模型是成本最小化模型。

Nordhaus（1992）将全球经济的一般均衡模型与包括排放、浓度、气候变化、影响和最佳政策的气候系统相结合，首次建立了DICE模型[213]，这也是最流行的最优化气候政策经济模型。Nordhaus（2019）基于DICE模型测算得出1.5℃或2℃的气候目标对人类社会来说在经济上是无法承受的，比较合理的目标是 3.5℃，该模型就属于福利最大化模型[215]。但 DICE 模型因为贴现率的选择、气候模型的细节、缺少对不确定性和市场失灵的刻画、对气候灾害的风险评估等受到部分学者的批评。于是，Martin 等人（2020）立足于基本的 DICE 模型，结合最新的气候科学结果和专家建议，更新了 DICE 模型中关于损失函数、贴现率选择以及非 CO_2 排放的部分，并且考虑了负排放技术以及脱碳的可行速度，对 DICE 模型进行了改进和优化，结果支持 IPCC 提出的 1.5℃ 气候目标，认为这一目标具备成本效益上的可行性[216]。

除了 DICE 模型，Nordhaus 及其合作者还建立了另一个分析经济对气候变化影响的模型——RICE 模型，又称区域气候和经济的综合模型，是气候变化的 IAM 模型之一。RICE 模型在经济增长理论的框架上分析气候变化，将温室气体浓度看作"负自然资本"，减排看作负资本数量的减少，通过减排，降低现在的消费，防止经济上有害的气候变化，从而提高未来消费的可能性。该模型的目标函数包括三个模块：经济学模块、气候经济链接模块和气候学模块。1996 年，Nordhaus 和 Yang 首次提出了 RICE 模型[217]，到了 2010 年，Nordhaus 对其进行了改进，建立了 RICE-2010 模型[218]，该模型主要由四部分组成：①第一个是用消费效用和贴现率描述全球 6 个地区（美国、欧盟、日本、苏联地区、中国和其他地区）福利水平的目标函数模块；②第二个是用全要素生产力、资金和人口等因素来描述 GDP 的经济学模块；③第三个是包含大气 CO_2 浓度、大气温度和海平面上升幅度的气候学模块；④第四个是包含减排成本和气候收益的气候变化损失模块。李海涛以到 2100 年的全球温升控制在 2℃ 以内为目标，通过调整 RICE-2010 模型中的 CO_2 排放控制率，对八种全球 CO_2 系列减排方案进行了气候经济模拟评估[219]。

CGE 模型

CGE 模型以微观经济主体的优化行为为基础，以宏观与微观变量之间的连接关系为纽带，以经济系统整体为分析对象，能够描述多个市场及其行为主体间的相互作用，可以估计政策变化所带来的各种直接和间接的影响。近些年来 CGE 模型被广泛应用于气候政策分析领域，所关注的问题包括碳税收入不同的使用方式对社会经济系统的影响；减排的经济成本和为实现某一减排目标所必需的碳税水平；减排政策对不同阶层收入分配、就业以及国际贸易等的影响；减排政策对公众健康和常规污染物控制的共生效益；减排政策灵活性对温室气体减排效果的影响以及相应的社会经济成本等。

Climate Change Economics 杂志的第 11 卷第 3 期介绍了中国十几个研究小组开发的 IAM，大多数模型的核心部分采用的是 CGE 模型，比如南京大学的 CEECPA 模型，北京大学的 IMED 模型，清华大学三个研究小组的 REACH、CGEM-IAM 和 CHEER 模型以及厦门大学的 CEEEA 模型。另外，北京理工大学的 C3IAM 模型和中国科学院的 EMRICE 模型的建模框架结合了 CGE 模型和动态优化模型。

模拟模型

模拟模型是基于对未来碳排放和气候条件的预测的模型。模拟模型通过外生的排放参数决定了未来每个时期可用于生产的碳排放量，因此，气候模块的结果不受经济模块的影响。模拟模型虽然不能得出哪个气候政策是社会福利最大的或者社会成本最小的，但它可以评估在未来各种可能的排放情景下的社会成本。对气候政策的评估需要对物理世界进行模拟，会涉及环境科学、气象与大气科学、生态学等自然科学，而且气候政策一般是长期性的，需要对未来发展情景进行模拟，这正是模拟模型可以做到的，因此，模拟模型也是气候政策评估领域的重要模型方法。

Chris Hope 等人（1993）建立了 PAGE 模型，该模型是评价气候变化影响、减排成本和适应政策的政策模拟模型[220]。PAGE 模型的建模理念是协调一系列自适应政策和预防措施减少气候变化的损害，分别计算气候变化影响值、适应和减排成本，最后汇总总成本和总影响，为最小化气候变化导致的总影响和总成本，寻找最优政策组合。除了 PAGE 模型，还有 ICAM-1 模型、IMAGE 模型、E3MG 模型、GIM 模型都是模拟模型。

气候变化综合评估模型按区域划分还可以分为全球模型和区域化模型。全球模型是指把全球当作一个整体的模型，如 DICE 模型和 MIND 模型就是全球模型；区域化模型是指把全球分为若干区域的模型，如 RICE 模型、FUND 模型、PAGE 模型都是区域化模型。

5.1.3 研究热点和挑战

1970 年以来，IAM 不断进化，在早期气候议程、目标制定以及之后对气候政策的评估中发挥了越来越重要的作用，气候变化综合评估模型研究也呈现快速发展的态势，该领域的研究热点主要集中在不确定性、公平性和技术进步上，同时，这三方面也是该领域研究的关键挑战。

不确定性

综合评估模型的不确定性主要来源于气候问题的不确定性，气候变化问题本身是一个具有很多不确定性的问题，比如人类活动对大气环境影响的不确定性。IPCC 综合评估报告中经常出现"可能""极可能"等词也说明了气候变化问题的不确定性是广泛存在的。魏一鸣等人（2013）对气候变化面临的不确定性进行了概括，包括五个方面[221]：①自然界的固有随机性，即非线性的、混沌的、不可预测的自然过程，例如海洋动力学和碳循环系统等；②价值多元化，即人类的心理、世界观、价值观的差异，不同的人有不同的偏好，例如气候风险厌恶和经济风险厌恶的权衡、贴现率的选择等；③人类行为的差异性，即人类的非理性行为、言行不一致以及"标准"行为模式的偏差，例如消费模式、能源使用等；④社会-经济-文化差异性，即非线性的、混沌的、不可预测的社会过程，例如政策协议的有效性、能源供应改变的体制条件等；⑤技术进步不确定性，即技术的新发展和突破、技术的副作用，例如可再生能源的选择、大量人工林的生态影响等。

气候变化的这些不确定性给综合评估模型的建立带来了巨大的挑战，特别是在气候政策的成本和收益的评估和确定上，给基于成本效益分析的气候政策模型带来了许多困难。Stern（2007）认为未来的气候路径和气候系统反馈都存在巨大的不确定性[214]。Chris Hope 等人（1993）在建立 PAGE 模型时对温度上升、贴现率等80 个关键因素的不确定性进行了研究，关注到气候损失不可逆性与不确定性条件下的减排行为时间选择问题[220]。Held H等人（2009）利用引入内生技术变化的能源–经济混合模型 MIND 考察了化石能源、气候敏感性、气候反映时间、新能源技术成本和技术进步等不确定性对最优能源投资以及气候政策的影响，发现气候变化的不确定性对实现2℃温控目标的实施成本有较大影响，全球温度每升高1℃，其对应的GWP损失达到0.25%~0.76%[222]。

不同模型气候模块参数设置的不同也体现了综合评估模型建立时所面临的不确定性挑战。因此，在建立气候变化综合评估模型时需要解决以下几个问题：①气候变化影响的概率分布；②人类对气候变化的风险厌恶程度；③人类对社会福利的时间偏好。

公平性

因为气候变化问题涉及公平性问题，所以在建立综合评估模型时需要考虑公平性问题，包括代际公平性和代内公平性。气候变化和温室气体减排影响具有长期性，这就涉及当代人和后代人福利的权衡问题，也就是代际公平性。气候变化具有很强的外部性，气候变化问题的产生、气候变化的影响以及缓解气候变化的行动都涉及全球各国，这就涉及各个国家之间应对气候变化责任分担的问题，也就是代内公平性。

气候变化是一个长期的问题，因此综合评估模型在评估社会福利、减排成本、减排收益等时，需要考虑不同时期的成本和收益。综合评估模型中，衡量代际公平性最主要的工具是贴现率。贴现率会影响气候损失的评估、未来减排收益的现值、社会福利函数等，并最终影响减排路径的选择和气候政策的制定。Ramsey（1928）在讨论社会最优储蓄时提出了贴现率的决定式，即拉姆齐等式。根据拉姆齐等式，贴现率取决于纯时间偏好率、消费边际效用弹性和人均消费增长率[223]。贴现率可以分为市场贴现率和社会贴现率，一般来说，社会贴现率比市场贴现率低。

Nordhaus主张使用市场贴现率，纯时间偏好率和消费边际效用弹性的取值都较高，市场贴现率也较高，Nordhaus的DICE模型将市场贴现率的值设定为5.5%，认为到2100年，全球CO_2浓度会达到685ppm（全球气温相对1990年升高3.1℃）只会造成全球总产出3%的损失；到2200年，全球气温相对1990年升高5.3℃也只会造成全球总产出8%的损失。Chris Hope则使用社会贴现率，纯时间偏好率和消费边际效用弹性的取值偏低，社会贴现率也较低，PAGE-2009模型中社会贴现率的取值为2.9%。许多学者在建立综合评估模型时为了简化起见，会把贴现率设为外生的固定值，但近几年的一些研究则开始采取动态的贴现率，从长期来看贴现率会随时间下降至最小值。Nordhaus（2007）的DICE-2007模型中的人均消费增长率最初为1.6%，在随后的400年里则逐渐下降到1%，相应的贴现率从2005年的4.7%降为2405年的3.5%[224]。

气候变化是一个全球性的问题，需要考虑国家之间应对气候变化的责任分担问题，比如各国减排目标的设定。在建立综合评估模型时，体现代内公平性的关键参数是国家社会福利的权重。很多模型将各国的社会福利等权重相加获得全球社会福利，然后在全球社会福利最大化的目标下，确定减排目标。但是这种方法由于各区域对收入的边际效用是相同的并且递减的，导致模型会将发达地区的收入转移到欠发达地区来增加全球总效用，进而造成代内发达地区与欠发达地区的不公平问题。

技术进步

技术进步是影响新能源成本、能源消费结构、能源消费水平和二氧化碳排放量的决定性力量，是影响未来气候变化的关键因素，综合评估模型对技术进步的衡量方法会对最终的气候政策评估结果和选择产生很大的影响。因此，合理地衡量技术进步是综合评估模型中一个至关重要的问题，而目前衡量技术进步问题的焦点在于外生和内生问题上。以前，绝大多数综合评估模型的技术进步都是外生的，如几个经典的综合评估模型：MERGW模型、CETA模型、DICE模型和RICE模型，都是将技术进步、资本和劳动力作为经济产出的生产要素，技术作为一个单独的系数包含在这些宏观经济模型中。

但气候政策对技术进步的速度和方向都有很大影响，技术进步并不是外生的，所以近些年，一些学者开始尝试内生化技术进步，主要可以分为三种途径：直接价格诱导、研发诱导和学习诱导。直接价格诱导的技术进步是指价格变化可以通过刺激创新来减少高成本投入的使用。在综合评估模型中，如果能源价格上涨，直接价格诱导的技术进步会导致能源效率提高。研发诱导的技术进步是指研发投入可以影响技术进步的速度和方向，其更多地依赖于政策的支持。学习诱导的技术进步是指某一特定技术的单位成本是该技术经验的递减函数。这类途径中最常用的方法是干中学,即假设某种技术的单位成本是它的累计产量的递减函数。如 Buonanno P 等人(2003)的 ETC-RICE 模型中使用研发诱导方法来衡量技术进步[225],Dowlatabadi H(1998)的 ICAM-3 模型中使用学习诱导和直接价格诱导方法来衡量技术进步[226]。

5.1.4 综述小结

气候变化综合评估模型是研究和认识全球气候变化问题的重要工具,也是深层次理解经济发展、能源技术变化以及气候反馈损失之间关系,并最终提出可行的气候政策方案的重要方法。

IAM 模型的建立涉及许多学科,是一个非常复杂的领域。一方面,全球气候系统非常复杂,影响气候的因素非常多,涉及太阳辐射、大气构成、海洋和陆地等许多方面,但目前人类对气候变化的原因、机理以及未来趋势的认识还不足。另一方面,气候变化与社会经济活动也密不可分。人类活动会对气候系统产生影响,气候变化也会反过来影响社会经济系统。解决气候变化相关问题,需要综合自然科学和社会人文科学的知识,建立气候变化综合评估模型也需要综合多学科知识。

气候变化综合评估模型的框架主要有最优化模型、CGE 模型和模拟模型三种,其中以前两者居多,国际影响力较大的 RICE、DICE、FUND 以及 MERGE 等模型都是基于最优化方法,而国内近些年一些主要研究团体所构建的综合评估模型则多基于 CGE 模型。

世界上具有影响力的气候变化综合评估模型主要来自发达国家,大多数发达国家都有自己的综合评估模型,这些模型在制定国家气候政策以及应对国际气候变化谈判中发挥了巨大作用。我国对该领域的研究虽然起步较晚,且相关文献多为气候变化综合评估模型的综述类研究,但近年来发展迅速,不仅相关文献发表数量快速增加,而且一些研究团体还创新性地开发了一些气候变化综合评估模型。

新能源的发展与气候政策密切相关,气候政策会影响对新能源的投资和研发,而新能源的开发和利用也会影响气候政策的实施效果。2020 年,我国提出"双碳"目标,向世界做出承诺:二氧化碳排放力争于 2030 年前达到峰值,努力争取 2060 年前实现碳中和。实现"双碳"目标，需要制定合理的经济政策、能源政策、气候政策，构建新型电力系统，开发利用新能源，提高能源利用效率，推动能源转型。而综合评估模型就可以用来帮助决策者判断各种经济、能源政策的利弊及其社会经济影响，为决策者的选择提供依据。但目前我国在综合评估模型方面的研究还相对较少，而通过建立综合评价模型研究新能源政策的文献则更为匮乏，建立新能源创新发展综合评价模型（RE-IAM）在我国还是一个比较全新的领域。中国亟须从本国国情出发，建立中国的气候变化综合评估模型，甚至是建立新能源创新发展综合评价模型（RE-IAM），为中国应对气候变化、实现"双碳"目标提供理论和数据支持。

第 2 节 基于 LEAP 和 RICE 模型软耦合的可再生能源综合评估模型

5.2.1 模型基础与创新

气候变化是当今世界所面临的最重要的全球性挑战之一。过去几十年来，全球气温持续上升，2015—2021 年是有记录以来最暖的 7 年。化石能源燃烧排放的大量 CO_2 是促使全球气候变化的主要原因，而可再生能源在提供电力的同时无此副产品，因此，发展可再生能源是应对气候变化与实现可持续发展的重要手段之一。《巴黎协定》目标下各国提交了国家自主贡献，进一步地，一些国家明确提出碳中和目标（第 2 章），在此背景下可再生能源在经济社会发展中的作用越来越显著，仅从能源或经济的单个视角评估可再生能源的发展，往往会造成偏差。可再生能源发展研究有多种切入方式，其一是从微观层面，包括关注可再生能源发展的成本效益与某个政策的影响等（第 2 章）；其二是从宏观层面，研究经济发展与气候系统的相互影响（第 5 章第 1 节）。相较前两种研究范式，从全局角度进行综合评估，并将微观能源模型与宏观气候-经济模型耦合起来的方法和应用研究尚有不足。

本书基于低排放分析平台（Low Emission Analysis Platform，LEAP）-用于优化

的下一代能源建模系统（the Next Energy Modeling System for Optimization，NEMO）和区域气候经济综合评估模型（Reginal Integrated model of Climate and the Economy，RICE）构建可再生能源发展综合评估模型RE-IAM，完成宏观气候、经济与微观能源发展的耦合。LEAP是斯德哥尔摩环境研究所开发的一种广泛使用的自下而上能源政策分析和气候变化减缓评估软件，该模型对能源流动全过程进行模拟，适用于基于能源供需预测、减排潜力与投资需求等的技术路线决策。LEAP已被全球190多个国家的数千个组织采用。NEMO是LEAP的最新扩展模块，在能源系统核算构建的基础上，进一步实现能源系统的最低成本优化，同时能够对储能设施进行建模，在可再生能源渗透率大幅度提高的背景下，能够更细致地刻画可再生能源发展。尽管LEAP-NEMO提供了详细的能源系统核算方法，但模型在预测未来情景时，不能充分讨论能源系统与经济系统和气候系统的相互影响。RICE模型是由美国耶鲁大学教授W. D. Nordhaus和美国纽约州立大学宾汉姆顿分校教授Z. Yang（杨自力）开发的用于研究多区域动态气候经济问题的综合模型，RICE模型重点关注社会经济变量和气候环境的互动，基于经济学的"理性人"假设，在各经济区域独立进行生产、消费和温室气体减排行为的最优化决策下求解多区域博弈的纳什均衡。该模型基于经典经济学的Cobb-Douglas生产函数，只包含了资本、人力和全要素生产率，不包含对能源系统的模拟。RICE仅使用了外生的碳排放强度假设，将能源等产生的碳排放引入模型。本书充分发挥LEAP-NEMO在能源核算和RICE在经济气候分析上的优势，通过建立能源、经济、气候系统之间软耦合的模型——基于LEAP-NEMO和RICE模型软耦合的可再生能源综合评估模型（RE-IAM），将宏观层面的非理性行为和微观层面的能源技术发展纳入分析，全面、客观地评估可再生能源的发展，完成了宏观和微观的对接。

5.2.2 模型实施方法

图5-1为RE-IAM的技术框架，其具体的实施方法如下：

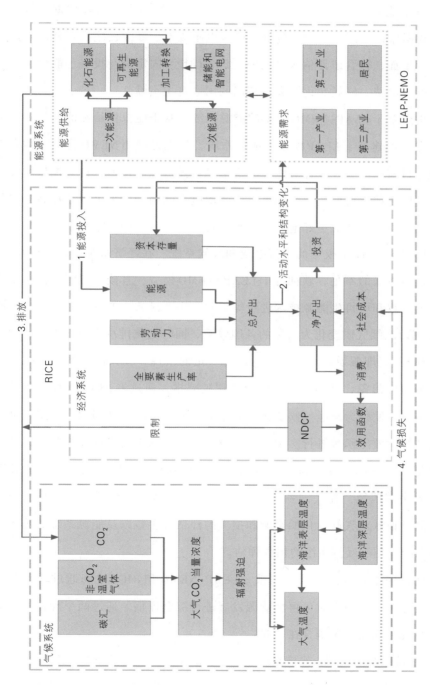

图5-1 基于LEAP和RICE模型软耦合的可再生能源综合评估模型技术框架

（1）采集能源、技术、经济、社会、人口、气候损失等基础数据，构建RE-IAM模型数据库，在微观层面，包含了能源设施成本、能源设施技术特征与能源价格。在宏观层面，包含了评估区域内的人口、GDP、固定资产投资、能源强度、能源生产、能源消费、气候变化损失及拓展的国家自主贡献。

（2）构建基于LEAP-NEMO模型的能源系统。基于能源供给和能源需求从微观层面自下向上构建基于LEAP模型的能源系统，特别是利用NEMO将储能纳入能源供给模块。目前已经有许多针对能源的供给侧和需求侧的模型，这些模型均没有将储能纳入。储能技术可使风、光等可再生能源电力的消纳能力进一步提高，将其并入非化石电力模型，能够更好地预测未来可再生能源发展的技术情景。

（3）构建基于RICE模型的经济系统和气候系统。在经济系统中，针对RICE模型在能源模拟方面的不足，软耦合了LEAP-NEMO模型，直接模拟能源供应模块产生碳排放的过程和可再生能源技术进步等，并在生产函数中增加了能源投入。研究拓展NDC到以减缓气候变化为目标的各国政策，同时把减排承诺假设为各地区的自我评价"标杆"，即假设各个经济体对此有一定的重视，在关注经济发展的同时也重视自身的国际形象，并为维持国际形象积极减排，通过将NDCP（代表对国家自主贡献的拓展，使得为减缓气候变化而颁布的所有国家减排计划均可适用）进一步纳入经济系统的效用函数进行实现。该假设对经济学基本的"理性人"假设进行了补充，将道义层面的潜在收益计入效用函数，在注重经济发展的同时凸显大国责任，更贴合中国国情。在气候系统中，基于IPCC第六次评估报告中发布的最新排放情景、温升情景及气候变化的影响和损失的评估等参数以及能源系统的排放数据更新气候系统，用于经济系统的损失评估。

（4）构建两个系统间的耦合关系，LEAP-NEMO和RICE之间通过软耦合方式连接形成反馈关系，用于对可再生能源发展进行综合评估。通过两个反馈将经济系统、能源系统和气候系统耦合在一起：

经济-能源系统的反馈：经济系统通过总产出及其分解变量经济增速、部门结构、能耗强度和电气化率等活动水平和结构变化信息与能源系统耦合在一起，能源系统将分解为化石能源和非化石能源的能源投入变量反馈给经济系统，影响经济系统的总产出。

经济-能源-气候系统的反馈：在经济系统中，消费=净产出—投资，投资通过形成资本存量而影响未来总产出。净产出=总产出—碳的社会成本。经济系统通过总产出与能源系统耦合在一起，能源系统通过能源的二氧化碳排放影响气候系统，全球气候变化的损失通过碳的社会成本（Social Cost of Carbon，SCC）传递给经济系统，减少经济系统的净产出。决策目标函数是基于NDCP和消费的效用函数。RICE模型通过最优化目标函数，调整投资、消费和碳减排等决策变量，影响未来的经济系统和气候系统，进而影响下一期的能源需求和供给。

第3节　可再生能源综合评估模型RE-IAM研究结果

5.3.1　研究目标与模型设置

RE-IAM基于RICE计算全球升温目标以及各地区GDP未来发展情况，进一步结合我国"双碳"背景，以RICE的经济产出（以GDP衡量）计算结果作为需求端变动输入LEAP-NEMO，结合不同供给端转型进度，模拟不同未来政策情景，探讨我国能源消费现状和未来变动，进一步输入至RICE，完成两个反馈回路构建。研究的总体目标是在评估全球不同气候雄心下全球升温情况、碳排放路径与GDP变动情况的基础上，精准核算、预测我国的能源消费结构，探讨电力系统最优发展路径、运行情况与减排成本。

RE-IAM的LEAP-NEMO包含了能源供给和能源需求两个模块，以此对中国的能源系统进行详细建模，同时引入了储能设施。以不同深度的需求端转型和供给端脱碳模式进行组合设置情景，其中需求端转型模式以RICE输出结果的中国GDP进行表征，供给端脱碳模式结合"双碳"目标的实现路径进行设置。在输入2020年的基准数据以及相应的未来情景参数后，以总成本最小化为目标，以排放约束和可再生能源目标进行求解运算，进而输出我国未来的能源经济系统运行情况，并将结果输入至RICE中，以LEAP-NEMO为核心的研究路线图如图5-2所示。

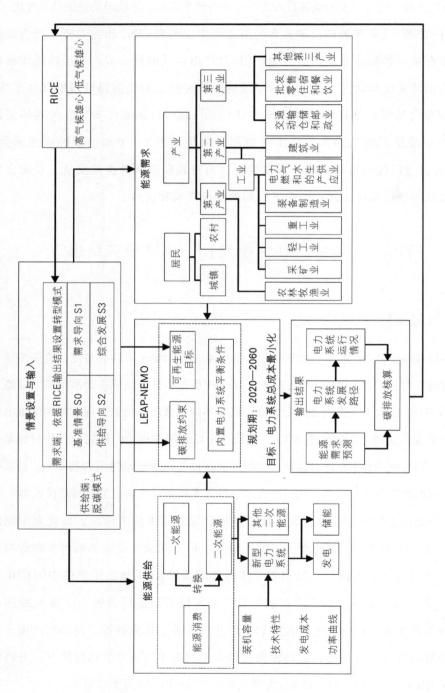

图5-2 LEAP-NEMO模块研究路线图

能源供给模块

能源供给模块包括了一次能源的直接供给部分以及一个能源加工转换模块用于生成二次能源。一次能源主要包括原煤、原油、天然气、生物质能、水能、核能、风能和太阳能；二次能源主要包括焦炭、煤气、其他焦化产品、成品油、液化石油气、电力、热力。能源加工转换模块包括输配电、发电和供热、炼焦、炼油、煤制气、煤制油和储能。我们针对发电与储能过程进行了详细设置，以针对新型电力系统进行模拟，我们进行了设备的细分并设置了发电机组和储能设施的使用寿命、效率与成本（见表5-1），针对可再生能源的出力特点设置了发电功率曲线。

表5-1 电力设施分类

装置	分类	使用寿命（年）	装置	分类	使用寿命（年）
燃煤	100万 kW 及以上	30	风电	海上风电	20
	60万~100万 kW	30		陆上风电	20
	30万~60万 kW	30	太阳能	集中式光伏	25
	30万 kW 以下	30		分布式光伏	25
燃气	30万 kW 及以上	20	核电	—	60
	30万 kW 以下	20	储能	抽水蓄能	30
其他火电	30万 kW 及以上	30		锂离子电池	10
	30万 kW 以下	30		钠离子电池	8
水电	—	30		其他储能	30

发电总成本包括初始投入成本、固定运维成本、可变运维成本，n种发电设施的总成本用下式表示：

$$C_{elec} = \sum_{i=1}^{n}\left(f_{c,i} \times C_{a,i} + f_{oc,i} \times C_{a,i} + V_{c,i} \times P_i\right) \tag{5.1}$$

式中，C_{elec} 是发电系统总成本；$f_{c,i}$ 为发电方式i每单位装机容量的初始投入成本（千元/MW）；$f_{oc,i}$ 为发电方式i每单位装机容量的固定运维成本（千元/MW）；$C_{a,i}$ 为发电方式i的装机容量；$V_{c,i}$ 为发电方式i每单位发电量的可变运维成本（元/kWh）；P_i 为发电方式i的发电量。

储能成本由初始投入成本和固定运维成本组成，m种储能装置的总成本为：

$$C_{stor} = \sum_{j=1}^{m} \left(S_{In,j} + S_{OM,j} \times SC_j \right) \tag{5.2}$$

式中，初始投入成本 $S_{In,j}$ 为第 j 种储能装置投建初期一次性投入的固定资金；固定运维成本 $S_{OM,j}$ 为保障储能系统在寿命期内正常运行对每单位装机容量投入的资金，通常包括安装、损耗、停运、人力、检修和维修等费用；SC_j 为第 j 种储能装置的装机容量。

LEAP-NEMO中设定的发电机组装机容量为发电机组输出功率的上限。可再生能源机组各自具有不同的季节性和日发电功率特征，并不能保证所有时间输出功率都达到装机容量，需要设置发电功率曲线进行表征。我们根据可再生能源的发电特征，针对四个季节分别设定典型日的发电功率，每个季节将一天0时至24时进行12等分，划分为长度为2小时的时间片，每个时间片设置相应的功率，组合得到发电功率曲线（如图5-3所示）。在模拟期内，发电功率曲线固定不变。同时，在模型中我们设置火电机组和核电机组能够调整输出功率达到最大装机容量，以满足用电负荷。

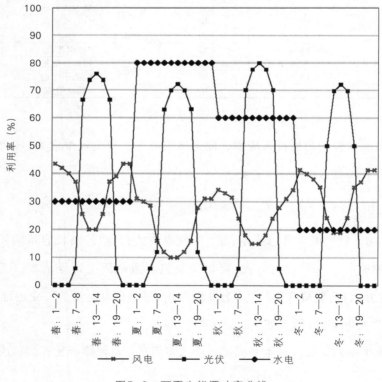

图5-3　可再生能源功率曲线

能源需求模块

能源需求模块采用与能源供给模块相同的能源分类，LEAP-NEMO需要根据部门的活动水平和各种活动对应的能源消费品种和终端能源强度，计算部门对各种能源的需求量，即：

$$D_k = \sum_{e=1}^{r} A_k E_{k,e} \tag{5.3}$$

式中，D_k表示 k 部门终端能源需求量；A_k表示 k 部门的活动水平；$E_{k,e}$表示 k 部门中 e 能源单位活动水平的能源消费量即能源强度。

在统计年鉴部门设置的基础上进行了合并，在模型中包括七个部门：农林牧渔业，工业，建筑业，交通运输、仓储和邮政业，批发零售、住宿和餐饮业，其他第三产业和居民。居民包含了城镇和农村居民两部分。工业进一步细分为采矿业、轻工业、重工业、装备制造业及电力、燃气和水的生产供应业。对于居民部门，使用人口表征活动水平；对于产业部门，使用GDP表征活动水平，通过RICE模型的输出进行耦合。

电力消费具有即时性的特点，通过用电负荷曲线进行模拟（如图5-4所示）。农林牧渔业用电量较小，周期性不明显。我们根据工业行业和建筑业的用电特点设定了两条用电负荷曲线。资本密集型产业，包括采矿业、重工业、装备制造业以及电力、燃气和水的生产供应业，存在夜晚错峰用电现象以降低生产成本。劳动密集型产业，如轻工业和建筑业用电负荷集中在白天的工作时间。同时中国的工业生产和建筑业受到假期影响存在波动，因此工业和建筑业用电负荷在年内存在季度性波动，尤其是在一季度相对较低。交通运输、仓储和邮政业的用电负荷主要与新能源汽车的充放电有关。居民用电与气温变化有直接关系，夏季与冬季存在制冷与供暖需求，用电负荷较高。我们将批发零售、住宿和餐饮业以及其他第三产业设置了相同的用电负荷，其与居民用电负荷类似，但每日的高峰时间有所滞后。

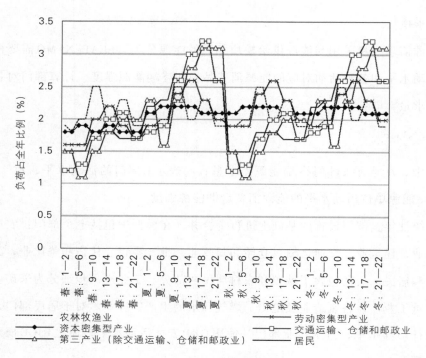

图5-4　用电负荷曲线

5.3.2　情景设置

1RICE模块情景

RICE模块中设置一个有限减排情景及三个减排情景：低气候雄心、高气候雄心与最优排放路径。减排情景和有限减排情景通过全球升温目标、生产过程、国际合作、科技创新、适应措施进行区分。在不同减排情景中，中国的排放路径有差异。

有限减排情景

有限减排情景突出表现为全球升温不受限制，中国的排放路径以年排放下降率不超过当年的45%进行约束。在这一设定下，生产过程倾向于高能源投入，国际合作显著薄弱，缺乏具体执行机制，以当前水平进行假设，进而导致全球碳排放总体较高。在科技创新方面，绿色技术研发投资相对有限，CCUS 和储能技术仍在初级阶段，能源强度下降缓慢。在适应措施方面，基础设施改建和城市规划对气候变化适应性考虑不足，自然灾害造成的影响加大，造成的经济损失显著增加。

减排情景

减排情景确保实现 2100 年《巴黎协定》2℃目标，减少气候变化的风险和影响。生产过程更倾向于技术投入，推动产业结构的升级，减少对传统能源的依赖，实现更为环保和可持续的生产。各国通过紧密的全球一体化减排行动计划，形成一致的减排愿景，共同应对全球气候变化挑战，共同努力推动全球碳排放降至最优水平。在科技创新方面，绿色技术蓬勃发展，CCUS 与储能技术实现广泛应用，高水平的科技创新投资推动环保技术的突破，有望加速产业向低碳方向转变，实现更为可持续的发展。在适应措施方面，全球范围内的基础设施改建和城市规划高度注重气候适应性，通过防洪设施、气候友好型城市规划等方式提高社会的抗灾能力。全面的气候适应性计划有望减轻气候变化对社会和经济系统的不利影响。根据中国减排路径的不同，分别设定低气候雄心、高气候雄心和最优排放路径三个子情景。

低气候雄心情景中，中国的排放路径与 LEAP-NEMO 模块基准情景 S0 保持一致，在需求端实现脱碳。高气候雄心情景的年排放下降率则与需求导向情景 S1 模式相同。最优排放路径情景以 2060 年碳中和设置排放目标，计算最优的年排放下降率与减排路径。

LEAP-NEMO 模块情景

LEAP-NEMO 模块综合考虑了电力供给端和电力需求端的不同发展模式，将供给端区分为脱碳与深度脱碳，需求端区分为转型与深度转型，其中需求端转型对应 RICE 的低气候雄心情景输出结果，需求端深度转型对应 RICE 的高气候雄心输出结果，在此基础上设置了 4 个情景，分别对 2020—2060 年中国的能源供给端与需求端进行模拟：

基准情景 S0

基准情景的供给端实现脱碳模式，即充分考虑我国国情与资源禀赋，以煤电进行能源系统兜底，确保煤电的"压舱石"地位，按照《2030年前碳达峰行动方案》与《"十四五"现代能源体系规划》有序推进碳达峰目标，能源系统调整优化，确保如期实现2030年前碳达峰。同时，以较高的碳汇与CCUS能力预期，在2030年后采取相对稳妥的碳中和行动，2060年保留一定量的煤电作为能源系统兜底。基准情景的需求端实现转型模式，在RICE模块低气候雄心输出GDP结果的基础上，以社会主义现代化强国目标推进经济结构性调整，高碳产业贡献不断降低，各行业和居民用能电气化率不断提升。

需求导向情景S1

需求导向情景的供给端实现脱碳模式，与基准情景相同。需求导向情景的需求端实现深度转型模式，在RICE模块高气候雄心输出GDP结果的基础上，积极推动产业转型调整与工业转型升级，产业结构加快向生产型服务业主导结构转型，高耗能部门将进一步"去产能"，制造业从资源依赖走向技术依赖，装备制造业成为工业的主导部门。通过技术进步大幅度降低能源强度，推进终端能源使用向更高电气化率迈进。

供给导向情景S2

供给导向情景的供给端实现深度脱碳模式，即加强可再生能源技术研发，可再生能源与储能技术成本大幅度下降。主动进行煤电的可再生能源替代，2050年煤电退出的同时促进可再生能源与储能设备装机，未来可再生能源渗透率将大幅提高。供给导向的需求端实现转型模式，与基准情景相同。

综合发展情景S3

综合发展情景的供给端实现深度脱碳模式，与供给导向情景相同。综合发展情景的需求端实现深度转型模式，与需求导向情景相同。结合供给端深度脱碳与需求端深度转型，从供给端和需求端同时发力，在满足能源需求的同时，减少对化石燃料的依赖并实现可持续发展，根据《中共中央 国务院关于完整准确全面贯彻新发展理念做好碳达峰碳中和工作的意见》要求设置2060年80%可再生能源发展目标，同时设置25亿tCO_2排放约束，确保碳中和目标实现。

5.3.3　情景参数设定

RE-IAM 的 RICE 模块就四个方面进行指标设置（见表5-2）。在低气候雄心下，生产函数偏向能源投入，国际合作水平有限，总体碳排放量较高，科技创新较为缓慢，能源强度下降幅度有限，对气候变化的适应性措施较少，进而损失函数高。在高气候雄心下，生产函数偏向技术投入，在较多的国际合作下，总体碳排放量迅速下降，绿色技术创新使得能源强度加速下降，采取一系列气候变化的适应性措施，损失函数低。

表5-2　　　　　　　　　　　　　　　RICE模块情景参数设置

情景	有限减排情景	低气候雄心	高气候雄心	最优排放路径
全球升温	不限制全球升温	2100年控制在2℃以内		
生产过程	生产过程偏向能源投入	生产过程偏向劳动力与资本投入		
国际合作	国际合作薄弱，缺乏具体的执行机制，保持当前的政策水平，碳排放总体水平高	国际合作紧密，全球一体化的减排行动计划推动碳排放降至最低		
科技创新	绿色技术研发投资较少，CCUS和储能技术仍在初级阶段，能源强度下降较慢	绿色技术蓬勃发展，CCUS与储能实现广泛应用，能源强度下降较快		
适应措施	基础设施改建和城市规划较少考虑气候变化适应性，自然灾害造成的影响加大，损失函数高	全球范围内的基础设施改建和城市规划高度注重气候适应性，减轻极端事件带来的灾害，损失函数低		
中国排放路径	年排放下降率不超过当年的45%	S0模式	S1模式	不设排放下降率约束

LEAP-NEMO模块从能源供给和能源需求两个角度设置情景参数，并进行组合得到不同情景的参数设定（见表 5-3）。GDP是 RICE 模型最重要的输出变量，同时也是 LEAP-NEMO 和 RICE 进行耦合的关键点。通过数据转换、对齐和参数传递，

我们将 RICE 模型中输出的中国产出（Y）作为 LEAP-NEMO 的输入变量，同时，LEAP-NEMO 输出的能源消费和碳排放作为 RICE 的输入变量，完成两条反馈回路的构建。

表5-3 LEAP-NEMO模型情景参数设定

模块	指标	情景S0：基准情景	情景S1：需求导向情景	情景S2：供给导向情景	情景S3：综合发展情景
能源供给	发电装机容量	高煤电装机		低煤电装机	
	储能装机容量	抽水蓄能为主		发展新型储能	
	发电成本	高可再生能源成本		低可再生能源成本	
	储能成本	高储能成本		低储能成本	
能源需求	GDP	RICE输出			
	人口	外生给定			
	城镇化率				
	产业结构	缓慢产业转型	大规模产业转型	缓慢产业转型	大规模产业转型
	能源强度	低下降率	高下降率	低下降率	高下降率
	用能比例	低电气化率	高电气化率	低电气化率	高电气化率

在能源供给端，我们分别就发电机组和储能设施的装机容量以及使用成本进行了设置。高煤电装机设定意味着煤电将长期在电力系统中发挥基础支撑、系统调节和兜底保障作用，2060年可保留4亿 kW 左右装机。气电、核电、水电等常规电源稳步发展。在低煤电装机假设中，煤电总量控制在2025年达峰，峰值为11亿 kW，到2030年下降至10.5亿 kW，到2050年煤电完全退出。储能装机包含了一个以抽水蓄能为主的假设和另一个以大力发展锂电池等新型储能技术为主的假设。成本假

设中，我们分别设置了高、低两个未来的成本假设进行对照。在能源需求端，RICE 模型输出的 GDP 结果将两个模型进行耦合，人口和城镇化率根据联合国《世界人口展望 2022》外生给定保持不变，产业结构上设置了缓慢产业转型和大规模产业转型两个假设。能源强度则以世界平均能源强度和发达国家平均能源强度为目标设置了高低两个下降率。用能比例以电气化率的高低进行表征。

5.3.4 实证分析

全球温度与产出变动

RICE 通过建立经济 - 气候系统并寻求社会福利最大化，求解最优消费、产出和碳排放水平等。RICE 模块输出结果如图 5-5 至图 5-9 所示。到 2100 年，有限减排情景下全球温升难以控制在 2℃，低气候雄心、高气候雄心以及最优排放路径情景下均能控制在 2℃。在四个情景中全球产出均逐年上升，有限减排情景下全球碳排放逐年增加，而低气候雄心、高气候雄心情景下全球碳排放有不同程度的先上升再下降趋势，最优排放路径情景下全球碳排放逐年下降。整体上有限减排情景的产出最低，低气候雄心情景的最优产出高于高气候雄心情景的最优产出，高于最优减排路径的产出。这表明若不积极减碳，气候灾害等损害将影响全球产出，同时减排会促使结构升级与效率提升，使得产出相对增长更快。而随着减排力度的加大，减排成本逐渐上升，低排放的情景会有相对低的产出。由于高气候雄心情景中设有更高的国家自主贡献，需要需求端更强的减碳措施，选取高气候雄心情景下的中国最优产出作为 LEAP-NEMO 模块需求导向情景的输入，而低气候雄心情景下的中国最优产出作为基准情景的输入。对 RICE 模块各情景下中国最优碳排放量，有限减排情景下逐年上升，高气候雄心和低气候雄心情景中表现出先升高后下降的趋势，且高气候雄心情景下的碳排放量更低。在最优排放路径下，我国将在 2060 年实现碳中和。在高气候雄心情景下，经济 - 气候系统将更偏向于降低碳排放、控制温升，进一步减少气候变化带来的损害。

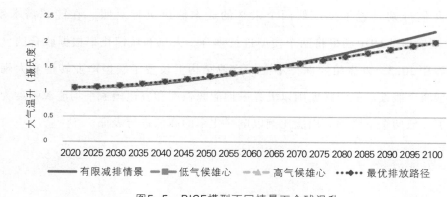

图5-5　RICE模型不同情景下全球温升

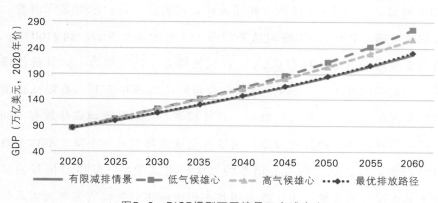

图5-6　RICE模型不同情景下全球产出

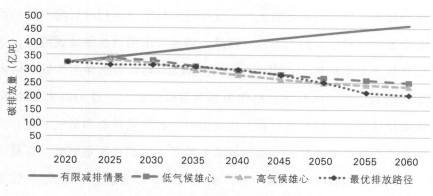

图5-7　RICE模型不同情景下全球碳排放量

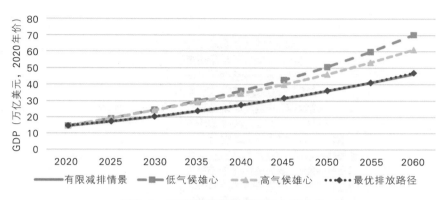

图5-8　RICE模型不同情景下中国产出

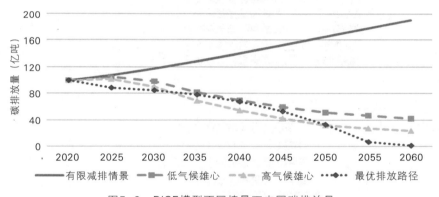

图5-9　RICE模型不同情景下中国碳排放量

终端能源需求

　　未来的终端能源需求根据是否有需求端深度转型分为高低两种水平（如图5-10所示）。高能源需求对应基准情景S0和供给导向情景S2，随着经济增长2030年达到36.43亿tce（电热当量法），后续的产业结构优化使得能源需求在2060年下降至33.51亿tce。低能源需求对应需求导向情景S1和综合发展情景S3，经济增长的同时产业结构深度优化，电气化率进一步提升，在相同社会经济条件下能源需求更低。能源需求在2035年快速下降至29.13亿tce，为2020年的81.5%，之后平稳下降到2060年的22.92亿tce，为2020年的64.1%。

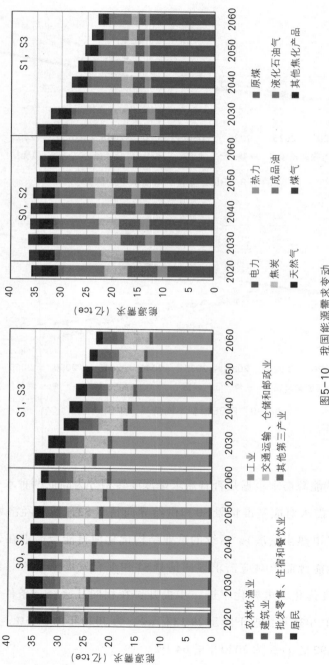

图5-10 我国能源需求变动

工业部门的用能需求变动是推动终端能源需求变动的最主要动力。分部门来看，在高能源需求下，2020—2060 年，尽管人均用能不断上升，但由于人口下降导致居民能源需求下降 4.27 亿 tce，产业结构优化导致工业能源需求下降 3.05 亿 tce，第三产业需求增长 5.20 亿 tce。在低能源需求下，居民用能仍保持下降，第三产业用能低于高能源需求水平，但仍增长了 2.90 亿 tce。随着工业部门内部结构优化与用能技术改善，40 年间工业用能大幅度下降 11.16 亿 tce，贡献了能源需求下降的 77.5%。

电力对化石能源的替代即电气化率提升推进能源需求下降。分能源品种看，在高能源需求下，煤炭需求保持下降，油气需求稳中有降，电力需求不断增加，2020—2060 年，电力需求增长了 6.23 万亿 kWh，能源需求变动受电力需求带动。在低能源需求下，电力需求在 2035 年前迅速增加，实现对化石能源的快速替代，随后稳定在 10.5 万亿 kWh 左右，随着电气化率的进一步上升，2035 年后化石能源需求下降，电力逐步占据终端用能的核心地位。

发电情况

2020 年，全国发电量约 7.7 万亿 kWh，不同情景的发电总量在 2020—2060 年期间均有所上升，如图 5-11 所示。不同情景的发电总量在 2020—2060 年期间均呈现上升趋势。未来发电量主要来自风电、光伏和水电等可再生能源，不同情景的火力发电运用存在差异。

基准情景 S0 的装机容量、发电量与电力需求同步增长，外生容量足够满足发电需求，2060 年装机容量 55.7 亿 kW，发电量 14.41 万亿 kWh。煤电在 2025 年达峰，随后下降至 2045 年，2045 年后 60 万 kW 及以下煤电机组尽管存有装机，但不再承担发电功能。可再生能源装机容量与发电量保持稳定增长，2060 年可再生能源装机容量占比 78.2%，发电量占比 73.6%。

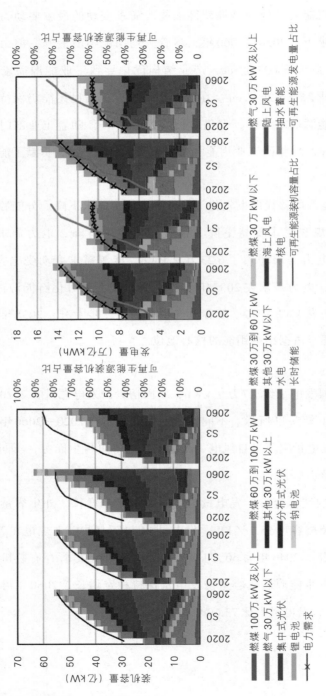

图5-11 分情景电力系统装机容量与发电量

需求导向情景 S1 在短期内电气化率迅速提升使得用电需求增加，发电量上升较快，但未来随着电力需求稳定，煤电发电量急剧下降。S1 情景电力设施装机与 S0 完全相同，2050 年后，可再生能源发电已能够满足年用电需求，保留的约 4 亿 kW 煤电机组并未得到运用。2060 年，可再生能源装机容量占比 78.2%，发电量占比达到 81.1%，电力系统总发电量约 11.6 万亿 kWh。

供给导向情景 S2 的电力需求较高，2050 年煤电退出后需要大量可再生能源进行替代，同时配套储能系统进行消纳，钠电池成本在 2050 年后低于锂电池，储能以钠电池为主。充电需求使得 2060 年的总发电量高于 S0，达到 16.9 万亿 kWh。S2 情景中高能源需求使得短期内单一的可再生能源不能有效满足需求，在煤电装机快速退役的条件下，2035 年后，煤电逐渐被气电替代，2050 年气电运用达到高峰，随后被可再生能源取代，2060 年可再生能源装机容量占比 79.0%，发电量占比 80.0%。

S3 发电总量与用电需求匹配性最好，总装机容量略高于计划，控制电力需求的同时推进可再生能源与储能技术发展能够实现对火电的平稳替代。S3 中，煤电控制在 2025 年达峰，2035—2050 年气电取代煤电，2050 年后实现可再生能源对气电替代。2060 年，电力系统总装机容量 50.7 亿 kW，其中可再生能源装机容量共 43.6 亿 kW，总发电量 11.9 万亿 kWh，可再生能源装机容量占比 86.0%，发电量占比 83.3%。

电力系统在基准年和 2060 年不同情景下的运行情况如图 5-12 所示，图中显示了四个季节典型日不同时间片内各种发电方式和储能的运行情况。

电力系统运行情况

2020 年，化石能源是我国电力系统主要的能源来源，同时风电和光伏也得到广泛运用。2060 年，不同情景中可再生能源成为发电主力，由于系统成本与需求不同，不同情景电力系统的年运行模式和日间运行模式有所差异，对储能而言，在 0 以下的为充电过程，0 以上为放电过程。

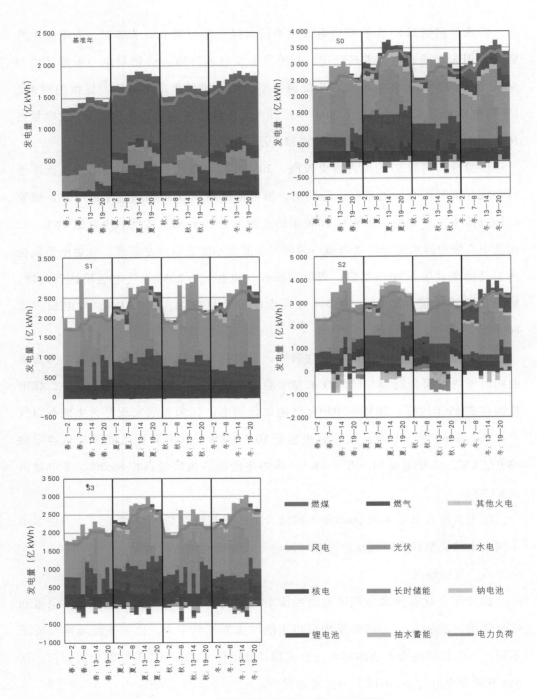

图5-12 分情景分时段电力系统运行状况

基准情景 S0 保留了燃煤发电机组，电力系统基础的电力供给由核电与可再生能源提供，春秋季由锂电池与抽水蓄能调节日内负荷，在夏冬季的用电高峰期启用燃煤机组和燃气机组进行调峰。

需求端导向情景 S1 的电力负荷低，可再生能源装机已满足大部分电力需求，燃气机组及少量的燃煤机组在冬夏用电高峰启用，同时承担供热功能，燃煤机组年利用仅有 180 小时。在春秋季日内正午，总发电量几乎达到电力负荷 2 倍，但由于储能设施成本高，极少量储能设施得到利用，出现明显的弃电。

供给导向情景 S2 的电力负荷高，可再生能源发电规模大，高峰弃电不能够低成本完成可再生能源的消纳，需要配套储能设施的支持。储能设施主要用于光伏发电储存，日间充电夜间放电，四种储能技术同时得到应用。储能设施的放电量占到了年发电量的 9.7%。

综合情景 S3 结合了供给端深度脱碳和需求端深度转型，完成了可再生能源对煤电的替代，同时通过需求端深度转型压低了负荷曲线。在日内，通过合理的风光水联合调度与储能充放电能够低成本满足需求，在年内，除在冬夏用电高峰启用燃气机组进行调峰外，抽水蓄能与长时储能设施同时用于跨季度调节。

二氧化碳排放分析

我们在能源消费的基础上计算不同情景下 2020—2060 年的 CO_2 排放（如图 5-13 所示）。2020 年，我国 CO_2 排放量为 98.84 亿 t，为分情景 CO_2 排放总量如图 5-13 所示，四个情景均能如期完成碳达峰目标，需求导向情景 S1 和综合发展情景 S3 能够有效实现碳中和目标，基准情景 S0 和供给导向情景 S2 碳中和目标的实现依赖较高的碳汇预期及较大规模 CCUS 与电力负碳技术的发展。基准情景 S0 于 2025 年排放达峰，峰值为 104.12 亿 tCO_2，排放平台期保持到 2030 年，随后下降至 2060 年的 41.69 亿 t。需求导向情景 S1 的 CO_2 在 2025 年达峰，峰值 100.13 亿 t，随后稳定下降到 2060 年的 23.24 亿 t。供给导向情景 S2 基准年已达峰，当前进入排放平台期，年排放 97 亿 tCO_2 左右，持续到 2030 年，2060 年排放下降到 37.36 亿 tCO_2。综合发展情景 S3 当前排放进入缓慢下降期，2030 年后下降速度加快，2060 年排放 22.48 亿

tCO_2。2060年，25亿t左右碳汇与CCUS能力的保守预期能够覆盖S1和S3情景的碳排放，S0和S2碳中和目标的实现则需要更大规模的碳汇、CCUS及电力负碳技术的支持。

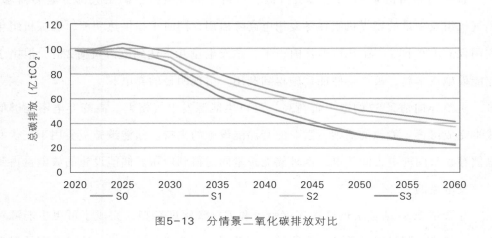

图5-13　分情景二氧化碳排放对比

电力系统减排成本效果分析

　　电力系统排放与火电运用有直接关联。图5-14为分情景电力系统CO_2排放量。如图5-14所示，基准情景S0和需求导向情景S1中火电在2025年前保持增长，电力系统排放量在2025年达峰，峰值分别为50.11亿tCO_2和50.22亿tCO_2，S1情景中电力系统承担了需求端电气化率提升带来的排放转移，因此排放高于S0情景。供给导向情景S2和综合发展情景S3的火电增长放缓，2030年前电力系统排放量在43亿tCO_2基础上略有下降。2030年后，各情景电力系统排放量开始加速下降。S0情景电力系统2060年排放量最高，达7.26亿tCO_2。S1情景迅速下降至2050年的约3.98亿tCO_2，随后缓慢降低至2060年的约1.13亿tCO_2。S2情景电力系统排放量2030—2035年迅速下降，后由于气电部分取代煤电下降速度有所减缓。2060年，S2情景电力系统排放量为2.93亿tCO_2。S3情景在2030年后电力系统排放量稳定下降，2060年排放量为0.37亿tCO_2。2020—2060年，四个情景电力系统累积排放量分别为1 065.78亿t、949.89亿t、898.29亿t、821.51亿tCO_2，均符合1.5℃目标下的电力系统剩余碳预算。同时，即使在低能源需求下，需求端和其他能源加工转换过程在2060年仍有22.11亿 tCO_2 排放，因此电力系统实现近零排放是实现碳中和的要求。

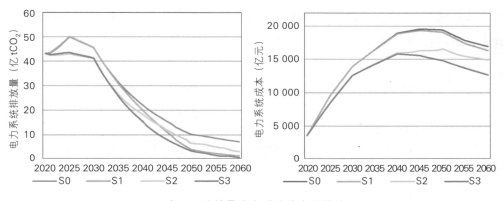

图5-14　分情景电力系统成本与排放量

电力系统成本在短期内随着新增发电设施保持增长，中长期随着可再生能源装机饱和与技术成本减低开始下降。从趋势来看，基准情景S0在2050年成本最高为1.96万亿元，2060年下降至1.69万亿元。需求导向情景S1在2040年前与S0基本一致，2045年后随着火电的部分停用成本有所下降，2060年达到1.63万亿元。供给导向情景S2的电力系统成本增长至2050年，后缓慢下降到2060年的1.49万亿元。综合发展情景S3的成本在2040年最高达到1.59万亿元，随后下降至2060年的1.27万亿元，在所有情景中最低。2020—2060年，S0到S3情景电力系统的累计成本依次下降，分别为64.10万亿元、63.35万亿元、55.36万亿元、52.59万亿元。综合发展情景S3以最低的累计成本实现了电力系统的大规模减排。

通过与基准情景S0的比较，计算其余各情景电力系统的避免排放成本（CAE），如图 5-15 所示。不考虑需求端转型成本，供给端深度脱碳和需求端深度转型使得电力系统在成本下降的同时实现 CO_2 减排。需求导向情景S1中电力系统装机容量与基准情景S0相同，电力需求下降使得火电运用减少，进而在系统成本下

降的同时系统排放量更少，由于可再生能源和储能成本较高，其避免排放成本
CAE较小。供给导向情景S2在短期内高成本火电装机容量减少，排放和成本同时
下降，2040年后随着大规模的可再生能源装机容量进行替代，CAE迅速上升，但
由于可再生能源和储能成本较低，其避免排放成本CAE远高于需求导向情景S1。
综合发展情景S3结合了供给端深度脱碳与需求端深度转型，在较低电力负荷下实
现了长时间较为稳定的电力系统减排收益。

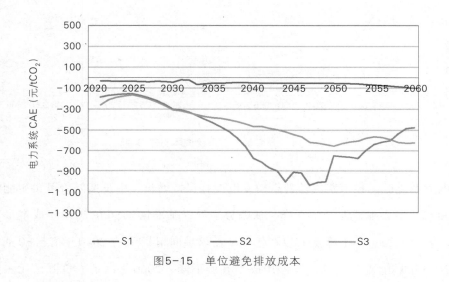

图5-15 单位避免排放成本

5.3.5 研究结论

RICE模块建立全球经济-气候系统，得到不同气候雄心下的最优产出、碳排
放、温升等结果，并通过LEAP-NEMO模块将其与中国能源-经济-碳排放系统相
连。RICE模块的结果表示全球必须积极进行碳减排，否则会极大影响经济产出，
阻碍经济社会发展，不同的气候雄心对我国的减碳路径提出不同的要求。为满足
全球温升目标，包括我国在内的各个国家需要实现高自主贡献度，我国需要较大
的减排力度，高气候雄心对应着更低的产出，同时也对应需求端导向的发力。

LEAP-NEMO 各情景的主要特征见表 5-4。四个情景均保证了 2100 年全球温升在 2℃以内，我国在 2030 年前如期实现碳达峰目标，高能源需求下，尽管能源强度有所下降，但由于未来经济发展，2060 年能源需求总量仅比 2020 年下降了 2.23 亿 tce，给实现碳中和带来极大压力。通过产业结构转型、电气化率提升方式进行需求端管理是实现碳中和目标的关键，需要将 2060 年的非电力系统排放降至年均约 20 亿 tCO_2 水平，同时实现电力系统近零排放。需求导向情景 S1 比基准情景 S0 减少了电力使用，能够在不调整电力系统结构的情况下降低排放，但在单一的需求端深度转型模式下，可再生能源和储能的成本较高，影响电力系统减排的成本有效性，且在长期会造成火电机组的搁浅以及可再生能源高峰时期的弃电。

表5-4　　　　　　　　　　　　　　　　分情景主要特征

情景	全球温升	能源需求 (亿 tce)	终端电气化率	发电总量 (万亿 kWh)	可再生能源 发电占比	可再生能源 装机占比	碳达峰年 (排放量 亿 tCO_2) 全国	碳达峰年 (排放量 亿 tCO_2) 电力系统	2060 年排放量 (亿 tCO_2) 全国	2060 年排放量 (亿 tCO_2) 电力系统	电力系统累积排放量 (亿 tCO_2)	电力系统累积成本 (万亿元)	碳中和目标
S0	2℃以内	33.51	50.10%	14.4	73.6%	78.0%	2025 (104.12)	2025 (50.11)	41.69	7.26	1065.78	64.1	需要大规模碳汇和 CCUS
S1	2℃以内	22.92	56.30%	11.6	81.1%	78.0%	2025 (100.13)	2025 (50.22)	23.24	1.13	949.89	63.35	实现
S2	2℃以内	33.51	50.10%	16.9	80.0%	79.0%	2020 (98.84)	2020 (43.25)	37.36	2.93	898.29	55.36	需要大规模碳汇和 CCUS
S3	2℃以内	22.92	56.30%	11.9	83.2%	86.0%	2020 (98.84)	2020 (43.25)	22.48	0.37	821.51	52.59	实现

　　电力供给端深度脱碳与可再生能源渗透率的大规模提高需要低成本储能系统的支持。S1 中 2060 年高峰时期可再生能源的弃电在 S2 中未出现。储能的应用促进了

光伏使用，2060年，储能设施在9—18时充电储存多余太阳能，同时在夜晚用电高峰时段放电应对负荷。储能设施的成本下降会促进储能系统的应用，但储能系统在电力系统不能代替发电设施的作用，同时不会直接减少CO_2排放。

结合需求端深度转型与供给端深度脱碳能够有效实现碳中和目标。尽管单一的需求端深度转型模式能够实现碳中和目标，但电力系统成本高，同时造成了大量的能源浪费与基础设施搁浅，不具有成本有效性。单一的供给端深度脱碳能将2060年电力系统排放降低至2.93亿tCO_2，但有约34.43亿tCO_2非电力系统排放需要进行消纳，因此碳中和目标的实现需要供给端与需求端同时发力。随着经济转型深度发展，未来中国的能源需求会出现下降，因此要求电力系统的供给和需求要进行系统性规划与匹配建设，在满足需求的情况下避免资产搁浅。S3情景未来的电力系统运行状况表明，通过储能设施、风光互补、燃气机组调峰联合调度能够最小化电力系统运行成本。

5.3.6 政策建议

第一，以人类命运共同体的高度共同应对全球性的能源与气候挑战，加强国际合作，推进《巴黎协定》1.5℃目标的实现。建议电网企业通过国际技术合作平台，与国际组织、发达国家、新兴市场国家以及各发展中国家紧密合作，分享先进的电力技术和管理经验，推动跨国电力企业合作项目，共同研发和推广清洁能源技术。鼓励国际电力人才交流，通过培训、研讨会等活动加强国际人才流动，与国际高校、研究机构建立合作，共同培养电力领域的高级人才，推动创新和技术进步。倡导电力行业共同采取应对措施，参与国际气候变化谈判，争取更多的国际支持和合作机会。大力推进全球能源互联网建设，实现电力资源的共享和优化利用，倡导国际性电力项目的共同投资和运营，促进电力资源的共享和分布式能源的发展，实现联合国可持续发展目标。

第二，以能源效率提升带动供需两侧同时减排，推进技术进步，优化用能结构及产业结构，电网企业需要未雨绸缪，以电力基础设施建设服务终端电气化率提升。能源效率提升是在实现经济和社会发展的同时，降低能源消耗和减少能源浪费的有效途径。从节能技术、用能结构、产业结构三个方面加强对能源的管理和监管，促进能源的可持续发展。加强对节能和用能技术进步的引导和支持，鼓励企业和科研机构加强技术研发，推动能源技术的升级换代。以税收优惠、补贴等措施引导和支持用能结构改善，鼓励企业使用清洁能源，加大对新能源车辆和新能源建筑的支持力度，减少对化石能源的依赖，促进用能结构的转型升级。持续推进我国产业转型以及终端电气化率提升，加大对第三产业发展的支持力度，进一步提升用能的终端电气化率。营造良好的能源节约环保氛围，形成全社会共同关注能源问题、共同参与能源治理的良好态势。

第三，大力推进可再生能源新增装机，电网企业要加快可再生能源消纳进度。以2030年12亿kW风光装机为目标，加大对可再生能源发展的扶持力度，加强政策引导以促进可再生能源的大规模应用。在政策支持的基础上，鼓励社会向可再生能源项目投资，通过设立专项基金、提供税收优惠等方式吸引社会资本进入可再生能源技术领域，以扩大可再生能源的应用范围和规模。建立健全的电力市场机制，是推动可再生能源应用的关键，需要进一步完善电力市场机制，推进市场化改革，加大竞争力度，鼓励各类电力企业进入市场，以提高市场效率，降低能源成本，促进可再生能源的发展。在可再生能源大力发展的情况下，电网企业需要及时应对可再生能源消纳过程产生的问题，加强对电力系统的调度和管理，以保证电力系统的稳定性和可靠性。优化电力系统规划和布局，增加电力系统灵活性和可调度性，建设智能电网。

第四，加大对储能技术的支持力度，促进电力系统源网荷储一体化建设，推动电网企业电网侧储能设施构建。储能技术是实现可再生能源大规模应用和能源转型的重要支撑。以新型电力系统需求为目标，建设一批满足智能电网要求的现代化抽水蓄能电站，推动实现抽水蓄能高质量发展。加大对以电化学储能为代表的新型储能技术的研发投入，推动技术创新，降低技术成本，推动其商业化应用。需要关注跨季节储能技术，我国能源资源地域分布不均、季节差异大，可再生能源发电的季节性波动明显。跨季储能能够供应季节性需求，缩小了季节性电力需求与电力供应之间的鸿沟，整体降低电力系统成本。

参考文献

[1]   IPCC. Climate change 2022: mitigation of climate change [M]. New York: Cambridge University Press, 2022.

[2]   钱萍，马彩虹，袁倩颖. 中国能源消费碳排放动态变化及EKC实证检验分析 [J]. 湖南师范大学自然科学学报，2020，43（4）：17-25.

[3]   WANG T, WATSON J. China's energy transition: pathways for low carbon development [R]. Norwich: Tyndall Centre for Climate Change Research, 2009.

[4]   WANG T, WATSON J. Scenario analysis of China's emissions pathways in the 21st century for low carbon transition [J]. Energy Policy, 2010 (38): 3537-3546.

[5]   ZHOU N, FRIDLEY D, MCNEIL M, et al. China's energy and carbon emissions outlook to 2050 [R]. Berkeley: Lawrence Berkeley National Laboratory, 2010.

[6]   Mckinsey & Company.China's green reduction prioritizing technology to achieve energy and environmental sustainability [R]. Newyork: Mckinsey & Company, 2009.

[7]   IEA. Energy technology perspectives 2010 [R]. Paris: OECD/International Energy Agency, 2010.

[8]   UNDP. China human development report, 2009/10: China and a sustainable future: towards a low carbon economy and society [M]. Beijing: China Translation and Publishing Corporation, 2009: 47-73.

［9］　MCCARTNEY M．Living with dams：managing the environmental impacts［J］．Water Policy，2009，11（S1）：121-139．

［10］　CESEÑA E，MANCARELLA P．Energy systems integration in smart districts：robust optimization of multi-energy flows in integrated electricity，heat and gas networks［J］．IEEE Transactions on Smart Grid，2018，10（1）：1122-1131．

［11］　ZHANG R，FUJIMORI S．The role of transport electrification in global climate change mitigation scenarios［J］．Environmental Research Letters，2020，15（3）：19-34．

［12］　李政，陈思源，董文娟，等.现实可行且成本可负担的中国电力低碳转型路径［J］．洁净煤技术，2021，27（2）：1-7．

［13］　项目综合报告编写组.《中国长期低碳发展战略与转型路径研究》综合报告［J］．中国人口·资源与环境，2020，30（11）：1-25．

［14］　李世峰，朱国云."双碳"愿景下的能源转型路径探析［J］．南京社会科学，2021（12）：48-56．

［15］　喻小宝，郑丹丹，杨康，等."双碳"目标下能源电力行业的机遇与挑战［J］．华电技术，2021，43（6）：21-32．

［16］　ZHENG K N，NIHAN K，FRIDLEY D，et al．中国超越能效的发展轨迹——到2050年最大限度实现电气化和使用可再生资源对CO_2减排的影响［J］．科学与管理，2018，38（3）：41-51．

［17］　中国电力企业联合会.中国电气化年度发展报告2021［R］．北京：中国电力企业联合会，2021．

［18］　张运洲，鲁刚，王芃，等.能源安全新战略下能源清洁化率和终端电气化率提升路径分析［J］．中国电力，2020，53（2）：1-8．

［19］　杨帆，张晶杰.碳达峰碳中和目标下我国电力行业低碳发展现状与展望［J］．环境保护，2021，49（Z2）：9-14．

[20] 陈胜，卫志农，顾伟，等．碳中和目标下的能源系统转型与变革：多能流协同技术 [J]．电力自动化设备，2021，41（9）：3-12.

[21] 康重庆，杜尔顺，李姚旺，等．新型电力系统的"碳视角"：科学问题与研究框架 [J]．电网技术，2022，46（3）：821-833.

[22] 王月明，姚明宇，张一帆，等．煤电的低碳化发展路径研究 [J]．热力发电，2022，51（1）：11-20.

[23] 侯方心，张士宁，赵子健，等．实现《巴黎协定》目标下的全球能源互联网情景展望分析 [J]．全球能源互联网，2020，3（1）：34-43.

[24] 鲁宗相，黄瀚，单葆国，等．高比例可再生能源电力系统结构形态演化及电力预测展望 [J]．电力系统自动化，2017，41（9）：12-18.

[25] 赵曰浩，李知艺，鞠平，等．低碳化转型下综合能源电力系统弹性：综述与展望 [J]．电力自动化设备，2021，41（9）：13-23.

[26] 李桂鑫，王伟臣，杨白洁，等．高比例清洁能源接入与终端电气化率提升对城市电网规划影响分析 [J]．通信电源技术，2021，38（1）：34-36.

[27] SHAHBAZ M，RAGHUTLA C，CHITTEDI K R，et al. The effect of renewable energy consumption on economic growth：evidence from the renewable energy country attractive index [J]．Energy，2020（207）：118162.

[28] 徐祎．新能源消费与我国经济增长关系的实证研究 [J]．经济纵横，2017（5）：69-74.

[29] 熊丽娟，廖良美，苏姗．中国新能源消费及使用强度与经济增长关系研究 [J]．湖北工业大学学报，2017，32（6）：18-22.

[30] 赵艳莉．中国新能源消费对经济增长的影响 [J]．安庆师范大学学报（社会科学版），2021，40（3）：96-99.

[31] 王军．新能源、传统能源对我国经济增长的贡献分析 [J]．安徽行政学院学报，2014，5（2）：27-31.

[32] 郭四代，陈刚，杜念霜. 我国新能源消费与经济增长关系的实证分析 [J]. 企业经济，2012，31 (5)：35-37.

[33] 李强，楚明钦. 新能源和常规能源对经济增长贡献的比较分析——兼论战略性新兴产业的发展 [J]. 资源科学，2013，35 (4)：704-712.

[34] 赵新宇，李宁男. 能源投资与经济增长：基于能源转型视角 [J]. 广西社会科学，2021 (2)：112-120.

[35] 徐换歌. 新能源示范城市与地区经济增长 [J]. 华东经济管理，2021，35 (1)：76-85.

[36] 王军，王朝全. 新能源、传统能源与经济增长关系的实证研究——以四川省为例 [J]. 科技管理研究，2013，33 (19)：51-54.

[37] 林琳. 福建省新能源消费与经济增长关系的实证分析 [J]. 福建省社会主义学院学报，2012 (1)：101-106.

[38] 晏燕. 甘肃省新能源和常规能源对经济增长贡献率的对比实证分析 [J]. 商，2014 (25)：196.

[39] CAN H, KORKMAZ Ö. The relationship between renewable energy consumption and economic growth：the case of Bulgaria [J]. International Journal of Energy Sector Management, 2019, 13 (3)：573-589.

[40] PEARSON S. The effect of renewable energy consumption on economic growth in Croatia [J]. Zagreb International Review of Economics & Business, 2021, 24 (1)：113-126.

[41] GYIMAH J, YAO X, TACHEGA M A, et al. Renewable energy consumption and economic growth：new evidence from Ghana [J]. Energy, 2022 (248)：123559.

[42] ASIF M, BASHIR S, KHAN S. Impact of non-renewable and renewable energy consumption on economic growth：evidence from income and regional groups of countries [J]. Environmental Science and Pollution

Research, 2021, 28 (29): 38764-38773.

[43] SINGH N, NYUUR R, RICHMOND B. Renewable energy development as a driver of economic growth: evidence from multivariate panel data analysis [J]. Sustainability, 2019, 11 (8): 2418.

[44] VURAL G. Renewable and non-renewable energy-growth nexus: a panel data application for the selected Sub-Saharan African countries [J]. Resources Policy, 2020 (65): 101568.

[45] INGLESI-LOTZ R. The impact of renewable energy consumption to economic growth: a panel data application [J]. Energy Economics, 2016 (53): 58-63.

[46] WANG Q, WANG L, LI R. Renewable energy and economic growth revisited: the dual roles of resource dependence and anticorruption regulation [J]. Journal of Cleaner Production, 2022 (337): 130514.

[47] ASIEDU B A, HASSAN A A, BEIN M A. Renewable energy, non-renewable energy, and economic growth: evidence from 26 European countries [J]. Environmental Science and Pollution Research, 2021 (28): 11119-11128.

[48] SAAD W, TALEB A. The causal relationship between renewable energy consumption and economic growth: evidence from Europe [J]. Clean Technologies and Environmental Policy, 2018 (20): 127-136.

[49] ZHANG X, ZHANG X. Nexus among economic growth, carbon emissions, and renewable and non-renewable energy in China [J]. Environmental Science and Pollution Research, 2021 (28): 39708-39722.

[50] WANG W, XIAO W, BAI C. Can renewable energy technology innovation alleviate energy poverty? perspective from the marketization level [J]. Technology in Society, 2022 (68): 101933.

[51] ZHAO J, DONG K, DONG X, et al. How renewable energy alleviate energy poverty? a global analysis [J]. Renewable Energy, 2022 (186): 299-311.

[52] 仓定帮, 魏晓平, 曹明, 等. 基于能源替代与环境污染治理的两阶段经济增长路径研究 [J]. 中国管理科学, 2020, 28 (9): 146-153.

[53] 张鸿宇, 黄晓丹, 张达, 等. 加速能源转型的经济社会效益评估 [J]. 中国科学院院刊, 2021, 36 (9): 1039-1048.

[54] DASANAYAKA C H, PERERA Y S, ABEYKOON C. Investigating the effects of renewable energy utilization towards the economic growth of Sri Lanka: a structural equation modelling approach [J]. Cleaner Engineering and Technology, 2022 (6): 100377.

[55] 赵涛, 肖延歌. 西北地区可再生能源与碳排放关系的实证研究 [J]. 甘肃科学学报, 2019, 31 (2): 121-126.

[56] 姜曼, 杨司玥, 刘定宜, 等. 中国各省可再生能源电力消纳量对碳排放的影响 [J]. 电网与清洁能源, 2020, 36 (7): 87-95.

[57] 范秋芳, 邢相飞. 可再生能源政策对碳排放的影响研究 [J]. 华东经济管理, 2022, 36 (8): 63-73.

[58] 王季康, 李华, 彭宇飞, 等. 碳中和目标下可再生能源的3种应用模式 [J]. 现代化工, 2022, 42 (5): 1-6.

[59] 程莉, 孔芳霞, 周欣, 等. 中国水电开发对碳排放的影响研究 [J]. 华东理工大学学报 (社会科学版), 2018, 33 (5): 75-81.

[60] 赵振宇, 马旭. 可再生能源电力对碳排放的作用路径及影响——基于省际数据的中介效应检验 [J]. 华东经济管理, 2022, 36 (7): 65-72.

[61] 张丽虹, 何凌云, 钟章奇. 可再生能源投资及其影响因素: 一个理论分析框架 [J]. 西安财经学院学报, 2019, 32 (6): 66-73.

[62] POLZIN F, MIGENDT M, TAEUBE F, et al. Public policy influence on

renewable energy investments—a longitudinal study across OECD countries [J]. Springer Fachmedien Wiesbaden, 2017 (1): 14.

[63] 蒋轶澄，曹红霞，杨莉，等.可再生能源配额制的机制设计与影响分析 [J]. 电力系统自动化，2020，44 (7)：291-303.

[64] YANG X, DAI H, DONG H. Impacts of SO_2 taxations and renewable energy development on CO_2, NOx and SO_2 emissions in Jing-Jin-ji region [J]. Joural Of Cleaner Production, 2018 (171): 1386-1395.

[65] ABRELL J, RAUSCH S. Cross-country electricity trade, renewable energy and European transmission infrastructure policy [J]. Journal of Environmental Economics and Management, 2016 (79): 87-113.

[66] NICOLINI, MARCELLA, TAVONI M. Are renewable energy subsidies effective? evidence from Europe [J]. Renewable and Sustainable Energy Reviews, 2017 (74): 412-423.

[67] CHANG Y, F ZHENG, LI Y. Renewable energy policies in promoting financing and investment among the East Asia Summit countries: quantitative assessment and policy implications [J]. Energy Policy, 2016 (95): 427-436.

[68] CHANG Y, LI Y. Renewable energy and policy options in all integrated ASEAN electricity market: quantitative assessments and policy implications [J]. Energy Policy, 2015 (85): 39-49.

[69] RADOMES J, AMANDO A, SANTIAGO A. Renewable energy technology diffusion: an analysis of photovoltaic—system support schemes in Medellin, Colombia [J]. Journal of Cleaner Production, 2015 (92): 152-161.

[70] HITAJ, CLAUDIA. Wind power development in the United States [J]. Journal of Environmental Economics and Management, 2013 (3):

394-410.

[71] HARRISON F，LINN J．Renewable electricity policies，heterogeneity，and cost effectiveness ［J］．Journal of Environmental Economies and Management，2013，66（3）：688-707.

[72] 林伯强，李江龙．基于随机动态递归的中国可再生能源政策量化评价 ［J］．经济研究，2014（4）：89-103.

[73] PRESLEY K. WESSEH JR，LIN B Q．Renewable energy technologies as beacon of cleaner production：a real options valuation analysis for Liberia ［J］．Journal of Cleaner Production，2015（90）：300-310.

[74] 李力，朱磊，范英．不确定条件下可再生能源项目的竞争性投资决策 ［J］．中国管理科学，2017（7）.

[75] 张成，陆旸，郭路．环境规制强度和生产技术进步 ［J］．经济研究，2011（2）：113-124.

[76] 余伟，陈强，陈华．不同环境政策工具对技术创新的影响分析：基于2004—2011年我国省级面板数据的实证研究 ［J］．管理评论，2016，28（1）：53-61.

[77] 程时雄，柳剑平．中国节能政策的经济增长效应与最优节能路径选择 ［J］．资源科学，2014，36（12）：2549-2559.

[78] 叶琴，曾刚，戴劭勍．不同环境规制工具对中国节能减排技术创新的影响：基于285个地级市面板数据 ［J］．中国人口·资源与环境，2018，28（2）：115-122.

[79] 张娟，耿弘，徐功文．环境规制对绿色技术创新的影响研究 ［J］．中国人口·资源与环境，2019，29（1）：168-176.

[80] SHAO S，HU Z，CAO J，et al. Environmental regulation and enterprise innovation：a review ［J］．Business Strategy and the Environment，2020，29（3）：1465-1478.

[81] JOHNSTONE N，HASCIC I，POPP D．Renewable energy policies and technological innovation：evidence based on patent counts ［J］．Environmental and Resource Economics，2010，45（1）：133-155.

[82] 郑石明．环境政策何以影响环境质量：基于省级面板数据的证据［J］．中国软科学，2019（2）：49-61.

[83] 王班班，齐绍洲．市场型和命令型政策工具的节能减排技术创新效应：基于中国工业行业专利数据的实证［J］．中国工业经济，2016（6）：91-108.

[84] 李凡，李娜，许昕．基于政策工具的可再生能源技术创新能力影响因素研究［J］．科学学与科学技术管理，2016，37（10）：3-13.

[85] 赵立祥，冯凯丽，赵蓉．异质性环境规制、制度质量与绿色全要素生产率的关系［J］．科技管理研究，2020，40（22）：214-222.

[86] UMUT U．Political economy of renewable energy：does institutional quality make a difference in renewable energy consumption？［J］．Renewable Energy，2020（155）：591-603.

[87] 李杨．政府政策和市场竞争对欧盟国家可再生能源技术创新的影响［J］．资源科学，2019，41（7）：1306-1316.

[88] 娄峰．碳税征收对我国宏观经济及碳减排影响的模拟研究［J］．数量经济技术经济研究，2014，31（10）：84-96，109.

[89] 张晓娣，刘学悦．征收碳税和发展可再生能源研究——基于OLG-CGE模型的增长及福利效应分析［J］．中国工业经济，2015（3）：18-30.

[90] 赵文会，毛璐，王辉，等.征收碳税对可再生能源在能源结构中占比的影响——基于CGE模型的分析［J］．可再生能源，2016，34（7）：1086-1095.

[91] 肖谦，陈晖，张宇宁，等.碳税对我国宏观经济及可再生能源发电技术的影响——基于电力部门细分的CGE模型［J］．中国环境科学，2020，40

（8）：3672-3682.

[92] 吴健，马中. 美国排污权交易政策的演进及其对中国的启示 [J]. 环境保护，2004（8）：59-64.

[93] 世界银行. 2022年碳定价发展现状与未来趋势报告 [R]. 世界银行，2022.

[94] 郑爽. 国际碳市场进展分析 [J]. 世界环境，2023（2）：72-75.

[95] 马海涛，刘金科. 碳排放权交易市场税收政策：国际经验与完善建议 [J]. 税务研究，2021（8）：5-11.

[96] 朱永彬，王铮，庞丽，等. 基于经济模拟的中国能源消费与碳排放高峰预测 [J]. 地理学报，2009，64（8）：935-944.

[97] 林伯强，蒋竺均. 中国二氧化碳的环境库兹涅茨曲线预测及影响因素分析 [J]. 管理世界，2009（4）：27-36.

[98] 岳超，王少鹏，朱江玲，等. 2050年中国碳排放量的情景预测——碳排放与社会发展 Ⅳ [J]. 北京大学学报（自然科学版），2010，46（4）：517-524.

[99] 王海静，王红蕾. 基于STIRPAT模型的贵州省电力行业碳峰值预测 [J]. 生产力研究，2021（3）：108-113.

[100] 李小军，朱青祥，漆志强，等. 基于STIRPAT模型的碳排放峰值预测研究——以甘肃省为例 [J]. 环保科技，2022，28（5）：38-44.

[101] 潘崇超，王博文，侯孝旺，等. 基于LMDI-STIRPAT模型的中国钢铁行业碳达峰路径研究 [J]. 工程科学学报，2023，45（6）：1034-1044.

[102] DIETZ T, ROSA E A. Rethinking the environmental impacts of population, affluence and technology [J]. Human Ecology Review，1994，1（2）：277-300.

[103] 呈祥. 供给冲击对欧美能源市场的影响——以天然气为例 [J]. 经济界，2022（1）：41-48.

[104] 袁思芄，陈林山，贺政国. 基于俄乌冲突背景下中国石油进口问题影响及

对策探析 [J]. 中国商论, 2023 (9): 62-65.

[105] 陈迎, 赵黛青, 周勇, 等. 挑战下的双碳目标与高质量发展 (笔谈) [J]. 阅江学刊, 2022, 14 (4): 69-88.

[106] 谢聪, 王强. 中国新能源产业技术创新能力时空格局演变及影响因素分析 [J]. 地理研究, 2022, 41 (1): 130-148.

[107] 李拓晨, 石孖祎, 韩冬日. 新能源技术创新对中国区域全要素生态效率的影响 [J]. 系统工程, 2022, 40 (5): 1-17.

[108] 苏屹, 冯筱伟, 苏帅, 等. 新能源企业技术创新效率及收敛性研究 [J]. 科技进步与对策, 2022, 39 (17): 72-82.

[109] 李爽. R&D强度、政府支持度与新能源企业的技术创新效率 [J]. 软科学, 2016, 30 (3): 11-14.

[110] 王群伟, 杭叶, 于贝贝. 新能源企业技术创新的影响因素及其交互关系 [J]. 科研管理, 2013, 34 (S1): 161-166.

[111] 贾全星. 我国新能源上市公司技术效率及其影响因素分析——基于随机前沿方法的实证研究 [J]. 工业技术经济, 2012, 31 (7): 114-119.

[112] 胡振兴, 王阿娇. 创业投资对新能源技术创新效率的撬动效应研究 [J]. 科技进步与对策, 2018, 35 (23): 82-91.

[113] 张瑞, 闫妍. 上市公司股权结构对技术创新效率的影响研究——基于沪深A股新能源上市公司数据的分析 [J]. 价格理论与实践, 2021 (5): 122-125.

[114] ZHAO G, ZHOU P, WEN W. Feed-in tariffs, knowledge stocks and renewable energy technology innovation: the role of local government intervention [J]. Energy Policy, 2021 (156): 112453.

[115] 王汉新. 基于公共政策视角的新能源技术创新研究 [J]. 科学管理研究, 2014, 32 (6): 44-47.

[116] 何琳, 宋文卉. 消费补贴对新能源汽车供应链研发的传导效应研究 [J].

长安大学学报（社会科学版），2021，23（5）：73-84.

[117] 夏媛，姜娟. 政府补贴对企业技术创新能力的影响研究——基于新能源汽车企业经验证据 [J]. 技术与创新管理，2021，42（3）：237-243.

[118] 李朋林，王婷婷. 政府补贴对新能源汽车产业发展的促进作用——基于技术创新效率视角的评价 [J]. 地方财政研究，2021（8）：86-96.

[119] 熊勇清，王溪. 新能源汽车技术创新激励的政策选择："扶持性"抑或"门槛性"政策？[J]. 中国人口·资源与环境，2020，30（11）：98-108.

[120] 苏竣，张汉威. 从 R&D 到 R&3D：基于全生命周期视角的新能源技术创新分析框架及政策启示 [J]. 中国软科学，2012（3）：93-99.

[121] WEN H，LEE C，ZHOU F. How does fiscal policy uncertainty affect corporate innovation investment？evidence from China's new energy industry [J]. Energy Economics，2022（105）：105767.

[122] FOXON T J，GROSS R，CHASE A，et al. UK innovation systems for new and renewable energy technologies：drivers，barriers and systems failures [J]. Energy policy，2005，33（16）：2123-2137.

[123] MALLETT A. Beyond frontier technologies，expert knowledge and money：new parameters for innovation and energy systems change [J]. Energy Research & Social Science，2018（39）：122-129.

[124] 范爱军，刘云英. 我国高技术产业技术创新影响因素的定量分析 [J]. 经济与管理研究，2006（10）：58-62.

[125] LI G Q，XUE Q，QIN J. Environmental information disclosure and green technology innovation：empirical evidence from China [J]. Technological Forecasting and Social Change，2022（176）：121453.

[126] CAO S，NIE L，SUN H，et al. Digital finance，green technological innovation and energy-environmental performance：evidence from China's regional economies [J]. Journal of Cleaner Production，2021（327）：

129458.

[127] HE J，LI J，ZHAO D，et al. Does oil price affect corporate innovation？
evidence from new energy vehicle enterprises in China ［J］. Renewable
and Sustainable Energy Reviews，2022（156）：111964.

[128] SINSEL S R，MARKARD J，HOFFMANN V H. How deployment poli-
cies affect innovation in complementary technologies—evidence from
the German energy transition ［J］. Technological Forecasting and Social
Change，2020（161）：120274.

[129] 易信，刘凤良. 中国技术进步偏向资本的原因探析 ［J］. 上海经济研究，
2013，25（10）：13-21.

[130] 李平，郭娟娟. 外商直接投资、资本偏向型技术进步与劳动收入份额 ［J］.
中国科技论坛，2017（6）：137-144.

[131] WESSEH P K，LIN B. Output and substitution elasticities of energy and
implications for renewable energy expansion in the ECOWAS region
［J］. Energy Policy，2016（89）：125-137.

[132] SHAO S，LUAN R，YANG Z，et al. Does directed technological
change get greener：empirical evidence from Shanghai´s industrial green
development transformation ［J］. Ecological Indicators，2016（69）：
758-770.

[133] DIAMOND P A. Disembodied technical change in a two-sector model
［J］. The Review of Economic Studies，1965，32（2）：161-168.

[134] 赵伟，赵嘉华. 互联网应用与我国技术进步的要素偏向 ［J］. 浙江社会科
学，2019（7）：4-13.

[135] 李金城，王林辉，国胜铁. 高质量FDI的技术进步偏向：经验证据与政策
建议 ［J］. 哈尔滨商业大学学报（社会科学版），2021（2）：82-90.

[136] 陈创练，马子柱，单敬群. 中国技术进步偏向、要素配置效率与产业结构

转型升级［J］. 产经评论，2021，12（6）：47-58.

［137］ 杨博，王林辉. 中国工业全球价值链嵌入位置对能源偏向型技术进步的影响［J］. 中国人民大学学报，2022，36（1）：135-148.

［138］ 戴天仕，徐现祥. 中国的技术进步方向［J］. 世界经济，2010（11）：54-70.

［139］ 戴杰. 我国的技术进步偏向性及其影响因素分析［D］. 长春：吉林大学，2012.

［140］ 董春诗. 偏向技术进步有利于可再生能源转型吗——基于要素替代弹性的证据［J］. 科技进步与对策，2021，38（15）：28-36.

［141］ 韩昭庆.《京都议定书》的背景及其相关问题分析［J］. 复旦学报（社会科学版），2002（2）：100-104.

［142］ 鲁传一，刘德顺. 减缓全球气候变化的京都机制的经济学分析［J］. 世界经济，2002（8）：71-77.

［143］ 安树民，张世秋.《巴黎协定》下中国气候治理的挑战与应对策略［J］. 环境保护，2016，44（22）：43-48.

［144］ 翁智雄，马忠玉，葛察忠，等.不同经济发展路径下的能源需求与碳排放预测——基于河北省的分析［J］. 中国环境科学，2019，39（8）：3508-3517.

［145］ 于宏源.《巴黎协定》、新的全球气候治理与中国的战略选择［J］. 太平洋学报，2016，24（11）：88-96.

［146］ MARCU A. Governance of Article 6 of the Paris Agreement and Lessons Learned from the Kyoto Protocol［R］. Waterloo：Centre for International Government Innovation，2017.

［147］ 吕江.《巴黎协定》：新的制度安排、不确定性及中国选择［J］. 国际观察，2016（3）：92-104.

［148］ FALKNER R. The Paris Agreement and the new logic of international climate politics [J]. International Affairs, 2016, 92 (5): 1107-1125.

[149] STRECK C, UNGER M V, KEENLYSIDE P. The paris agreement: a new beginning [J]. Journal for European Environmental & Planning Law, 2016, 13 (1): 3-29.

[150] JOHNSTONE N. Renewable energy policies and technological innovation: evidence based on patent counts [J]. Environmental and Resource Economics, 2010, 45 (1): 133-155.

[151] 马丽梅，史丹，裴庆冰. 中国能源低碳转型（2015—2050）：可再生能源发展与可行路径 [J]. 中国人口·资源与环境，2018，28（2）：8-18.

[152] 汪辉，赵新刚，任领志，等. 可再生能源配额制与中国能源低碳转型 [J]. 财经论丛，2021（09）：104-113.

[153] SADORSKY P. Renewable energy consumption, CO_2 emissions and oil prices in the G7 countries [J]. Environmental Economics, 2009, 31 (3): 456-462.

[154] SADORSKY P. Renewable energy consumption and income in emerging economies [J]. Energy Policy, 2009, 37 (10): 4021-4028.

[155] SEYI S, ADEWALE A, CHIGOZIE A. Renewable energy consumption in the EU-28 countries: policy toward pollution mitigation and economics sustainability [J]. Energy Policy, 2019 (132): 803-810.

[156] GABRIEL A, NUCU A, ELENA A. The effect of financial development on renewable energy consumption—a panel data approach [J]. Renewable Energy, 2020 (147): 330-338.

[157] 马丽梅，黄崇乐. 金融驱动与可再生能源发展——基于跨国数据的动态演化分析 [J]. 中国工业经济，2022（4）：118-136.

[158] CHRISTOPH B, RUTHERFORD T F. The costs of compliance: a CGE assessment of Canada's policy options under the kyoto protocol [J].

World Economy, 2010, 33 (2): 177-211.

[159] WEI M, LEE G W M, WU C C. GHG emissions, GDP growth and the kyoto protocol: a revisit of environmental kuznets curve hypothesis [J]. Energy Policy, 2008, 36 (1): 239-247.

[160] SUEYOSHI T, GOTO M. DEA approach for unified efficiency measurement: assessment of japanese fossil fuel power generation [J]. Energy Economics, 2011, 33 (2): 292-303.

[161] MAZZANTI M, MUSOLESI A. Carbon kuznets curves: long-run structural dynamics and policy events [J]. Routledge Explorations in Environmental Economics, 2010: 207-226.

[162] CANDELON B, HASSE J. Testing for causality between climate policies and carbon emissions reduction [J]. Finance Research Letters, 2023, 55 (PA).

[163] IWATA H, OKADA K. Greenhouse gas emissions and the role of the kyoto protocol [J]. Environmental Economics and Policy Studies, 2014, 16 (4): 325-342.

[164] GRUNEWALD N, MARTINEZ-ZARZOSO I. Did the kyoto protocol fail? an evaluation of the effect of the kyoto protocol on CO_2 emissions [J]. Environment and Development Economics, 2016, 21 (1): 1-22.

[165] AICHELE R, FELBERMAYR G. Kyoto and the carbon footprint of nations [J]. Journal of Environmental Economics and Management, 2012, 63 (3): 336-354.

[166] IWATA H, OKADA K. Greenhouse gas emissions and the role of the kyoto protocol [J]. Environmental Economics and Policy Studies, 2014, 16 (4): 325-342.

[167] DOWLATABADI H. Sensitivity of climate change mitigation estimates to

assumptions about technical change [J]. Energy Economics, 1998, 20 (5-6): 473-493.

[168] KLEPPER G, PETERSON S. Emissions trading, cdm, ji, and more: the climate strategy of the EU [J]. Energy Journal, 2006 (27): 1-26.

[169] SUTTER C, PARRENO J C. Does the Current Clean Development Mechanism (CDM) Deliver Its Sustainable Development Claim? An Analysis of Officially Registered CDM Projects [J]. Climatic Change, 2007, 84 (1): 75-90.

[170] SCHEPPER D, LIZIN E, DURLINGER S, et al. Economic and environ-mental performances of small-scale rural pv solar projects under the clean development mechanism: the case of cambodia [J]. Energies, 2015, 8 (9): 9892-9914.

[171] LEWIS J I. The evolving role of carbon finance in promoting renewable energy development in China [J]. Energy Policy, 2010, 38 (6): 2875-2886.

[172] NAIK M R, SINGH A, UNNIKRISHNAN S, et al. Role of the clean de-velopment mechanism (CDM) in the development of national energy industries [J]. Energy & Environment, 2014, 25 (2): 325-342.

[173] HAGEM C. The clean development mechanism versus international per-mit trading: the effect on technological change [J]. Resource & En-ergy Economics, 2009, 31 (1): 1-12.

[174] SCHNEIDER L R. Perverse incentives under the CDM: an evaluation of HFC-23 destruction projects [J]. Climate Policy, 2011, 11 (2): 851-864.

[175] BAKKER S, HAUG C, VANASSELT H, et al. The future of the CDM: same, but differentiated? [J]. Climate Policy, 2011, 11 (1):

752-767.

[176] 刘航，杨树旺，唐诗. 中国清洁发展机制：主体、阶段、问题及对策 [J].
理论与改革，2013（2）：78-82.

[177] 龚微. 论清洁发展机制（CDM）可持续发展目标的缺陷与完善——以气候
变化国际立法相关规则为视角 [J]. 政治与法律，2011（9）：130-136.

[178] 漆雁斌，张艳，贾阳. 我国试点森林碳汇交易运行机制研究 [J]. 农业经
济问题，2014，35（4）：73-79.

[179] 李媛媛. 中国碳保险法律制度的构建 [J]. 中国人口·资源与环境，2015，
25（2）：144-151.

[180] 唐跃军，黎德福. 环境资本、负外部性与碳金融创新 [J]. 中国工业经济，
2010（6）：5-14.

[181] 雷立钧，荆哲峰. 国际碳交易市场发展对中国的启示 [J]. 中国人口·资
源与环境，2011，21（4）：30-36.

[182] 安崇义，唐跃军. 排放权交易机制下企业碳减排的决策模型研究 [J]. 经
济研究，2012，47（8）：45-58.

[183] 王哲，肖志远. 阿克苏地区规模化畜禽养殖场粪污沼气工程效益分析——
基于联合国清洁发展机制（CDM）[J]. 干旱区资源与环境，2009，23
（6）：161-164.

[184] 李飏. "西电东送" 环境减排效应研究 [J]. 中国人口·资源与环境，
2010，20（9）：36-41.

[185] 吴炳方，陈永柏，曾源，等. 三峡水库发电和航运的碳减排效果评价 [J].
长江流域资源与环境，2011，20（3）：257-261.

[186] 魏一鸣，韩融，余碧莹，等. 全球能源系统转型趋势与低碳转型路径——来
自于IPCC第六次评估报告的证据 [J]. 北京理工大学学报（社会科学版），
2022，24（4）：163-188.

[187] 周天军，陈晓龙.《巴黎协定》温控目标下未来碳排放空间的准确估算问题

辨析 [J]. 中国科学院院刊，2022，37（2）：216-229.

[188] 姜克隽. IPCC AR6：长期减排路径 [J]. 气候变化研究进展，2023，19
（2）：133-138.

[189] 李丹阳，陈文颖. 碳中和目标下全球交通能源转型路径 [J]. 气候变化研
究进展，2023，19（2）：203-212.

[190] 董聪，董秀成，蒋庆哲，等.《巴黎协定》背景下中国碳排放情景预测——
基于BP神经网络模型 [J]. 生态经济，2018，34（2）：18-23.

[191] 高凛.《巴黎协定》框架下全球气候治理机制及前景展望 [J]. 国际商务研
究，2022，43（6）：54-62.

[192] 樊星，高翔. 国家自主贡献更新进展、特征及其对全球气候治理的影响
[J]. 气候变化研究进展，2022，18（2）：230-239.

[193] LIU W, MCKIBBIN W, MORRIS A, et al. Global economic and envi-
ronmental outcomes of the Paris agreement [J]. Energy Econ，2020
（90）：104838.

[194] 朱伯玉，李宗录. 气候正义层进关系及其对《巴黎协定》的意义 [J]. 太
平洋学报，2017，25（9）：1-10.

[195] 傅莎，李俊峰.《巴黎协定》影响中国低碳发展和能源转型 [J]. 环境经
济，2016（Z4）：45-47.

[196] LIU C, WU J, WU L. Analysis of the impacts of the NDC scenario on
energy and industrial structure in major countries [J]. Climate Change
Economics，2020，11（3）.

[197] 毛熙彦，贺灿飞，王佩玉，等. 中国环境产品进出口贸易对碳排放的影响
[J]. 自然资源学报，2022，37（5）：1321-1337.

[198] 江泽民. 对中国能源问题的思考 [J]. 上海交通大学学报，2008（3）：
345-359.

[199] PERRY S, KLEMEŠ J, BULATOV I. Integrating waste and renewable

energy to reduce the carbon footprint of locally integrated energy sectors [J]. Energy, 2008, 33 (10): 1489-1497.

[200] 刘斌，赵飞．欧盟碳边境调节机制对中国出口的影响与对策建议 [J]．清华大学学报（哲学社会科学版），2021，36 (6): 185-194.

[201] 中金研究院．欧盟碳边境调节机制对中国经济和全球碳减排影响的量化分析 [R]．北京：中金研究所，2021.

[202] 龙凤，董战峰，毕粉粉，等．欧盟碳边境调节机制的影响与应对分析 [J]．中国环境管理，2022，14 (2): 43-48.

[203] 汪惠青，王有鑫．欧盟碳边境调节机制的外溢影响与我国的应对措施 [J]．金融理论与实践，2022 (8): 111-118.

[204] 曾桉，谭显春，王毅，等．碳中和背景下欧盟碳边境调节机制对我国的影响及对策分析 [J]．中国环境管理，2022，14 (1): 31-37.

[205] 郑运昌，许志荣．欧盟"碳关税"将产生的四大影响 [J]．中国电力企业管理，2023 (7): 92-93.

[206] 周静虹，胡怡建．美国《通货膨胀削减法案》的政策背景、形成过程和应对思路 [J]．国际税收，2023 (3): 39-44.

[207] 廖冰清．拜登签署新法案难解美经济困境 [N]．经济参考报，2022-08-18.

[208] 冯相昭，黄晓丹，赵卫东．欧美低碳转型新动向及我国应对策略 [J]．可持续发展经济导刊，2023 (5): 18-21.

[209] 张宇麒．欧盟发布《净零工业法案》，旨在提高欧盟清洁技术竞争力 [J]．科技中国，2023 (4): 107.

[210] 徐德顺，张宇嫣．欧洲关键性原材料法案的外溢效应及中国启示 [J]．对外经贸实务，2023 (6): 4-10.

[211] NORDHAUS W D. An optimal transition path for controlling green house gases [J]. Science, 1992, 258 (5086): 1315-1319.

[212] STERN N H. The economics of climate change：the stern review ［M］. Newyork：Cambridge University Press，2007.

[213] NORDHAUS W. Climate change：the ultimate challenge for economics ［J］. American Economic Review，2019，109（6）：1991-2014.

[214] HÄNSEL M C，DRUPP M A，JOHANSSON D J，et al. Climate economics support for the UN climate targets ［J］. Nature Climate Change，2020，10（8）：781-789.

[215] NORDHAUS W D，YANG Z. A regional dynamic general-equilibrium model of alternative climate-change strategies ［J］. The American Economic Review，1996：741-765.

[216] NORDHAUS W D. Economic aspects of global warming in a post-Copenhagen environment ［J］. Proceedings of the National Academy of Sciences，2010，107（26）：11721-11726.

[217] 李海涛. 基于RICE-2010模型的中国碳减排路径探讨 ［C］//. 创新驱动发展 提高气象灾害防御能力——第30届中国气象学会年会，中国江苏南京，2013：544-552.

[218] HOPE C，ANDERSON J，WENMAN P. Policy analysis of the greenhouse effect：an application of the PAGE model ［J］. Energy Policy，1993，21（3）：327-338.

[219] 魏一鸣，米志付，张皓. 气候变化综合评估模型研究新进展 ［J］. 系统工程理论与实践，2013，33（8）：1905-1915.

[220] HELD H，KRIEGLER E，LESSMANN K，et al. Efficient climate policies under technology and climate uncertainty ［J］. Energy Economics，2009（31）：S50-S61.

[221] RAMSEY F P. A mathematical theory of saving ［J］. The Economic Journal，1928，38（152）：543-559.

［222］ NORDHAUS W D. A review of the Stern review on the economics of cli-
mate change ［J］. Journal of Economic Literature, 2007, 45 (3):
686-702.

［223］ BUONANNO P, CARRARO C, GALEOTTI M. Endogenous induced
technical change and the costs of Kyoto ［J］. Resource and Energy Eco-
nomics, 2003, 25 (1): 11-34.